Photoshop CC

图像处理　标准教程

□ 唐有明　郝军启 等编著

清华大学出版社
北　京

内 容 简 介

本书全面系统地介绍了 Photoshop CC 的基本操作方法和图形图像处理技巧，包括图像处理基础知识、初识 Photoshop CC、绘制和编辑选区、绘制图像、修饰图像、编辑图像、绘制图形及路径、调整图像的色彩和色调、图层的应用、应用文字与蒙版、使用通道与滤镜、动画等内容。本书每一个部分的知识点都搭配了相关的实例，使用户在学习软件知识的过程中，将所学应用到实践中。本书图文并茂，实例丰富，配书光盘中提供了大容量语音视频教程和实例素材图以及效果图。

本书面向高校相关专业和 Photoshop 培训课程编写，也可以作为图像处理、数码设计等行业人员学习 Photoshop CC 的参考资料。

图书在版编目（CIP）数据

Photoshop CC 图像处理标准教程/唐有明等编著. —北京：清华大学出版社，2015
（清华电脑学堂）

ISBN 978-7-302-37998-0

Ⅰ. ①P… Ⅱ. ①唐… Ⅲ. ①图像处理软件-教材 Ⅳ. ①TP391.41

中国版本图书馆 CIP 数据核字（2014）第 216043 号

责任编辑：冯志强　薛　阳
封面设计：吕单单
责任校对：徐俊伟
责任印制：沈　露

出版发行：清华大学出版社
　　　　网　　址：http://www.tup.com.cn，http://www.wqbook.com
　　　　地　　址：北京清华大学学研大厦 A 座　　　　邮　　编：100084
　　　　社 总 机：010-62770175　　　　　　　　　　邮　　购：010-62786544
　　　　投稿与读者服务：010-62776969，c-service@tup.tsinghua.edu.cn
　　　　质 量 反 馈：010-62772015，zhiliang@tup.tsinghua.edu.cn
印　刷　者：北京富博印刷有限公司
装　订　者：北京市密云县京文制本装订厂
经　　销：全国新华书店
开　　本：185mm×260mm　　　印　张：21.5　　　字　　数：540 千字
　　　　（附光盘 1 张）
版　　次：2015 年 1 月第 1 版　　　　　　　　印　　次：2015 年 1 月第 1 次印刷
印　　数：1～3500
定　　价：49.00 元

产品编号：058458-01

前　言

Photoshop 软件被业界公认为是图形图像处理专家,也是全球性的专业图像编辑行业标准。随着 Photoshop 软件的不断升级,其功能越来越完善,应用领域也越来越广泛。Photoshop CC 就是在 Photoshop CS6 的基础上增加新的功能,或者在原有的功能中增加新的选项,从而加强该功能应用,使新版的图像处理软件功能更加强大、全面,吸引更多的用户投身于对该软件的学习与研究之中。

1. 本书主要内容

本书内容共分 13 章,每章内容如下。

第 1 章简要介绍了位图处理的基本概念,以及 Photoshop 的应用领域、基本功能与新版本的新增功能、工作环境等,使用户掌握在新版本中的图像文件管理方法。

第 2 章详细讲解 Photoshop 中图像的基本操作,如图像尺寸、颜色选取、变换与变形、旋转画布与视图等操作,使用户掌握简单图像效果的制作。

第 3 章介绍了 Photoshop 中合成图像的基本功能——图层,使用户了解图层的基本知识。

第 4 章介绍了图层的混合模式以及图层样式两个图层的高级功能,前者是在两个图层上的图像,通过各自的红、绿、蓝通道进行“混合”;后者则是为图像、文字或是图形添加阴影、发光或浮雕等效果。

第 5 章介绍不同选区的不同创建方法,以及编辑、修饰各种选区。

第 6 章全面概述绘图工具、修复工具、特效工具、颜色工具、擦除工具,使用户掌握通过工具修饰美化图像的方法。

第 7 章与第 8 章分别介绍了路径与文本的创建、编辑以及应用的理论知识,其中文本能够依附路径创建出不同形式的文本效果。

第 9 章与第 10 章由易到难介绍了色调校正、色彩改变、色相变换等各种调整图像色调的颜色命令,使用户通过不同的方式调整图像色调效果。

第 11 章详细讲解 Photoshop 中的选区高级应用——通道与蒙版,使用户掌握更多的局部图像提取的方式,以及非破坏性编辑图像的方法。

第 12 章详细讲解了如何在 Photoshop 中创建各种 3D 对象,以及如何设置 3D 对象的材质、光源与 3D 相机的应用。

第 13 章简要概括了 Photoshop 中的多种特效功能——滤镜与动画。通过本章的学习,用户能够掌握各种艺术性效果的制作、过渡动画的制作,以及如何输出不同格式的文件。

2. 本书主要特色

❑ **课堂练习**　本书每一章都安排了丰富的课堂练习,以实例形式演示 Photoshop CC 的操作知识,便于读者模仿学习操作,同时方便了教师组织授课内容。

❑ **彩色插图**　本书制作了大量精美的实例、网页设计效果,从而方便读者掌握

Photoshop CC 的应用。

❑ **网站互动**　在网站上提供了扩展内容的资料链接，便于学生继续学习相关知识。

❑ **思考与练习**　复习题测试读者对本章所介绍内容的掌握程度；上机练习理论结合实际，引导学生提高上机操作能力。

3．本书使用对象

　　本书由专业图像制作和设计人员执笔编写，内容详略得当，逻辑结构合理，图文并茂，实例丰富。本书在编写时充分考虑到了图形图像培训市场的需要，从内容到版式都精心设计，可以满足教师授课和学生学习的需要。本书既可以作为 Photoshop CC 的培训教程和自学教程，也可以作为图像制作和设计人员的参考资料。

　　参与本书编写的除了封面署名人员外，还有刘凌霞、王海峰、张瑞萍、吴东伟、王健、倪宝童、温玲娟、石玉慧、李志国、王咏梅、李乃文、陶丽、王黎、连彩霞、毕小君、王兰兰、牛红惠、汤莉、王中行、王晓军、王健、王海峰、孙岩、刘红娟、夏丽华、王翠敏、吕咏等人。由于时间仓促，水平有限，疏漏之处在所难免，欢迎读者朋友登录清华大学出版社的网站 www.tup.com.cn 与我们联系，帮助本书的改进和提高。

编　者

目　　录

第1章

Photoshop 基础概述

　　Photoshop CC 中文版是 Adobe 公司最新开发的数字图像编辑软件，是目前最流行的图像处理软件之一。它具有强大的图像编辑、制作、处理功能，操作简便实用，备受各行各业的青睐，广泛应用于平面设计、数码照片处理、广告摄影、建筑效果图处理、网页设计、动画制作等领域。

　　为了制作出理想的平面效果图，首先要认识与了解图像理论的基础知识，以及 Photoshop CC 的工作环境，为应用 Photoshop 编辑和处理图像打下扎实的基础。

本章学习要点：

➢ 掌握图像理论
➢ 了解颜色理论
➢ 了解 Photoshop CC 的工作环境
➢ 掌握文件操作

1.1 图像基础知识

要真正掌握和使用一种图像处理软件，不仅要掌握软件的操作，还需要了解图像和图形方面的知识，例如图像类型与图像格式等。只有掌握这些知识，在使用、编辑、存储图像的过程中，才能准确地选择合适的设置，合理地创作出高品质的作品。

1.1.1 位图和矢量图

计算机记录图像的方式包括两种：一种是通过数学方法记录图像内容，利用这种方式记录的图像被称为矢量图；另一种是用像素点阵方法记录，利用这种方式记录的图像被称为位图。

1. 矢量图

矢量图中的图形元素称为对象，每一个对象都是一个独立的实体，它具有大小、形状、颜色、轮廓等属性。矢量图是以线条和色块为主，可以任意缩放尺寸，而不会丢失细节或者降低清晰度，如图 1-1 所示。

2. 位图

位图是由许多很小的点组成的，这些点称为"像素"，因此位图通常又叫图像。许许多多不同颜色的点组合在一起便形成了一幅完整的图像，如图 1-2 所示为位图局部放大对比图。位图在保存时，需要记录每一个像素的位置和色彩数据，因此图像像素越多，文件越大，处理速度也就越慢。由于能够记录下每一个点的数据信息，因而位图可以逼真地表现现实中的对象，达到照片般的品质。Photoshop 属于图像处理软件，所以保存的文件均为位图。

图 1-1　矢量图

图 1-2　位图

1.1.2 分辨率

分辨率是指单位长度内所含有的点（即像素）的多少。相同单位中的像素越多，那么图像会越清晰，文件越大。分辨率不只包括图像分辨率，还包括屏幕分辨率、输出分辨率等。

1. 图像分辨率

图像分辨率就是每英寸图像含有多少个像素，其单位为像素/英寸（英文缩写为 ppi）。例如，96ppi 表示该图像每英寸含有 96 个像素。而一个像素的尺寸则可以在 Photoshop 中将文档放大到最大查看，如图 1-3 所示。

图 1-3 像素单位大小

2. 屏幕分辨率

屏幕分辨率是确定计算机屏幕上显示多少信息的设置，以水平和垂直像素来衡量。屏幕分辨率低时，例如 800×600 像素，在屏幕上显示的项目少，但尺寸比较大；屏幕分辨率高时，例如 1024×768 像素，在屏幕上显示的项目多，但尺寸比较小，如图 1-4 所示。

图 1-4 不同屏幕分辨率显示

3. 输出分辨率

输出分辨率是指激光打印机等输出设备在输出图像时每英寸所产生的点数。在相同像素量的图像中，设置不同的分辨率，得到的印刷尺寸各不相同，如图 1-5 所示。

1.1.3 图像存储格式

图像文件有很多存储格式，在实际工作中，由于工作环境的不同，要使用的文件格式也是不一样的，用户可以根据实际需要来选择图像文件格式。

图 1-5 不同分辨率的印刷尺寸显示

表 1-1 列举了一些常用图像格式及其特点，以及在 Photoshop 中进行图像格式转换时应注意的问题。

表 1-1 图像文件格式及应用说明

文件格式	后缀名	应 用 说 明
PSD	.psd	该格式是 Photoshop 自身默认生成的图像格式，PSD 文件自动保留图像编辑的所有数据信息，便于进一步修改

文件格式	后缀名	应 用 说 明
TIFF	.tif	TIFF 格式是一种应用非常广泛的无损压缩图像格式，TIFF 格式支持 RGB、CMYK 和灰度 3 种颜色模式，还支持使用通道、图层和裁切路径功能
BMP	.bmp	BMP 格式是一种 Windows 标准的点阵图形文件格式，这种格式的特点是包含的图像信息较丰富，几乎不进行压缩，占用磁盘空间较大
JPEG	.jpg	JPEG 是目前所有格式中压缩率最高的格式，普遍用于图像显示和一些超文本文档中
GIF	.gif	GIF 格式是 CompuServe 提供的一种图像格式，最多保存 256 种色彩，支持透明背景及动画
PNG	.png	PNG 是一种网络图像格式，采用无损压缩，网页中有很多图片都是这种格式
RAW	.raw	RAW 是记录影像传感器捕捉到的原始信息的影像文件格式
PDF	.pdf	PDF 格式是应用于多个系统平台的一种电子出版文档格式
EPS	.eps	EPS 是一种同时支持位图和矢量图的格式，主要用于矢量图像和光栅图像的存储
3D 文件	.3ds	Photoshop 支持由 3ds Max 创建的三维模型文件，在 Photoshop 中可以保留三维模型文件的特点，并可对模型的纹理、渲染角度或位置进行调整
视频文件	.avi	Photoshop 可以编辑 QuickTime 视频格式的文件，如 MPEG-1、MPEG-4、MOV、AVI

1.1.4 颜色模式

颜色模式是将某种颜色表现为数字形式的模型，或者说是一种记录图像颜色的方式。下面对几种常见的颜色模式进行介绍。

1. RGB 颜色模式

RGB 模式是基于自然界中三原色的加色混合原理，通过对红（Red）、绿（Green）和蓝（Blue）3 种基色进行组合来改变像素的颜色，如图 1-6 所示。

2. CMYK 颜色模式

CMYK 颜色模式是一种印刷模式，其中 4 个字母分别指青（Cyan）、洋红（Magenta）、黄（Yellow）、黑（Black），在印刷中代表 4 种颜色的油墨。CMYK 属于减色模式，在混合成色时，随着 C、M、Y、K 这 4 种成分的增多，反射到人眼的光会越来越少，光线的亮度会越来越低，如图 1-7 所示。

图 1-6 RGB 颜色

图 1-7 CMYK 颜色

3. Lab 颜色模式

Lab 颜色模式是以一个亮度分量 L 及两个颜色分量 a 和 b 来表示颜色的。L 的取值范围是 0～100，a 和 b 的取值范围均为–120～120，如图 1-8 所示为不同值的 Lab 颜色。

4. HSB 颜色模式

HSB 颜色模式是一种基于人直觉的颜色模式，使用该模式可以非常轻松地选择不同亮度的颜色。Photoshop 中不直接支持这种模式，但能在【颜色】面板和【拾色器】对话框中利用它定义颜色。该模式有三个特征，H 代表色相，用于调整颜色，范围在 0～360 度；S 代表饱和度，即彩度，范围在 0（灰色）～100 度（纯色）；B 代表亮度，表示颜色的相对明暗程度，范围在 0（黑色）～100 度（白色），如图 1-9 所示。

图 1-8　Lab 颜色　　　　　　　图 1-9　HSB 颜色模式

1.2　认识 Photoshop CC

Photoshop CC 是最新版的 Photoshop 软件，下面介绍 Photoshop CC 的基本功能与新增功能。

1.2.1　Photoshop 的应用领域

Photoshop 以其强大的位图编辑功能，灵活的操作界面，开发式的结构，早已渗透到图像设计的各个领域，例如广告设计、建筑装潢、数码影像、网页美工和婚纱摄影等诸多行业，并且已经成为这些行业中不可或缺的一个组成部分。

1. 广告设计

无论是平面广告、包装装潢，还是印刷制版，自从 Photoshop 诞生之日起，就引发了这些行业的技术革命。Photoshop 丰富而强大的功能，使设计师的各种奇思妙想得以实现，使工作人员从繁琐的手工拼贴操作中解放出来，如图 1-10 所示。

2．数码照片处理

运用 Photoshop 可以对照片进行修饰和美化。它可以修复旧照片，消除如边角缺损、裂痕、印刷网纹等，使照片恢复原来的面貌；或者是美化照片中的人物，例如去斑、去皱、改善肤色等，使人物更完美，如图 1-11 所示。

图 1-10　广告作品

3．网页创作

互联网技术飞速发展，上网冲浪、查阅资料、在线咨询或者学习，已经成为人们生活的习惯和需要。优秀的网站设计，精美的网页动画，恰当的色彩搭配，能够带来更好的视听享受，给浏览者留下难忘的印象，如图 1-12 所示。这一切得益于 Photoshop 的强大网页制作功能，Photoshop 在网页美工设计中起着不可替代的作用。

图 1-11　照片修饰

4．插画绘制

在现代设计领域中，插画设计可以说最具有表现性。而插画作为现代设计的一种重要的视觉传达形式，以其直观的形象性、真实的生活感和

图 1-12　网页创作设计

美的感染力，在现代设计中占有特定的地位，插画师运用 Photoshop 创作的插画作品如图 1-13 所示。

5. 界面设计

界面是人与机器之间传递和交换信息的媒介，优秀的界面设计，既符合人机工程学便于操作，又能给人带来视觉的冲击，如图 1-14 所示。

图 1-13　插画作品

6. 建筑装潢

Photoshop 在建筑装潢表现处理方面也有着强大的作用。使用三维设计软件所渲染出来的图片颜色会出现一些瑕疵，使用 Photoshop 可以方便、快速地修饰缺陷。也可以在 Photoshop 中为三维作品添加人物、植物等，营造逼真的表现图效果，如图 1-15 所示。

图 1-14　界面设计

图 1-15　建筑装潢效果图

1.2.2　Photoshop 的基本功能

Photoshop 几乎支持所有的图像格式和色彩模式，能够同时处理多图层。它的绘画功能与选取功能使编辑图像变得十分方便，图像变形功能用来制造特殊的视觉效果，调色功能可用于图像色彩调整。

1. 图层功能

对图层有效地进行管理，可以为图像制作提供极大的方便。对于不同的元素，用户可以将其分配到不同的图层中，这样，对单个元素进行修改就不会影响到其他元素。例如对某图层进行调色、翻转、复制和移动等操作，其他图层并不发生变化，【图层】面板如图1-16所示。

2. 绘画功能

Photoshop作为一款专业的图像处理软件，其绘画功能非常强大。在空白画布中，使用【钢笔工具】、【画笔工具】、【铅笔工具】、【自定形状工具】可以直接绘制图形，使用文字工具可以在图像中添加文本，或者进行不同形式的文本编排，使用【钢笔工具】、【画笔工具】与填充工具等绘制出来的精绘图像如图1-17所示。

图1-16　【图层】面板

3. 选取功能

使用Photoshop中的规则选取工具、不规则选取工具与选取命令等，可以建立不同形状、不同尺寸的选区，用户可以对选区进行移动、增减、变形、载入和保存等操作。通过通道选取的花卉如图1-18所示。

图1-17　绘制的小提琴图像

4. 调色功能

利用Photoshop中的各种颜色调整命令，可以根据不同的要求，调整出不同效果的图像，例如将一幅图像的色调转换为另一种色调，或者是局部更改颜色等，如图1-19所示。

图1-18　选取图像

5. 变形功能

使用【自由变换】命令，可以对图像按固定方向进行翻转和旋转，也可以对图像进行拉伸、倾斜与自由变形等处理。利用变形功能调整后的效果如图1-20所示。

图1-19　色调转换

1.2.3 Photoshop CC 的新增功能

Photoshop CC 版本增加了很多新功能，例如样式直接转成 CSS、可编辑的圆角矩形、无损图片拉伸、照片智能防抖+智能锐化、单独图层区域调节 Camera Raw 等。

1. 可编辑的圆角矩形——自定义图形神器

对圆角的控制，大部分设计师肯定都十分需要。以往只能通过【圆角矩形工具】绘制圆角矩形，现在只要新建矩形或圆角矩形形状图层，就会出现【属性】面板，对圆角进行实时调整，如图 1-21 所示。

2. 复制 CSS——转代码神器

以手动方式编写网页设计的程序代码时，不一定能取得与原始元素相符的元素，例如圆角和色彩。而在 Photoshop CC 中，则能够通过复制 CSS 命令将当前图层中各元素的属性转换为 CSS 代码，如图 1-22 所示。但是这一特性并不完美，生成得到的代码与原图形有差异，主要是色彩和圆角不能完美模拟。

3. 无损图片拉伸——素材拉伸神器

通常，在对数码图片进行放大时，总会降低图片的品质，而新增的"保留细节（扩大）"重新采样方式较好地解决这个问题。该采样方式通过算法填充放大的部分，尽可能地提高图片的品质，避免放大后失真和锯齿的出现。采用"保留细节（扩大）"采样方式扩大图像的效果如图 1-23 所示。

4. 照片智能防抖+智能锐化——优化素材神器

拍照时如果手抖了，拍出来的照片是模糊的。以往这种模糊照片难以补救，现在利用新增的【防抖】滤镜可以最大化地还原图像，使图像变清晰。模糊照片使用【防抖】滤镜后的效果如图 1-24 所示。

图 1-20 　图像变形

图 1-21 　编辑圆角矩形

图 1-22 　复制 CSS

图 1-23   放大 2 倍的效果

图 1-24   照片智能防抖

5. 区域调节 Camera Raw——局部调整神器

以往需要进行调整时，往往需要叠加许多图层进行调节，Camera Raw 滤镜就是为了解决这个问题而出现的。该滤镜能够对单独图层进行调整，而不是整个文件。也可以通过里面预置的小功能，针对特定范围进行明暗、纯度、饱和度等处理。再也不用图层叠加去模拟些效果。局部提高亮度的效果图如图 1-25 所示。

6. 选择多个路径

Photoshop CC 可以同时处理多个路径，这是以往版本不具有的功能。选择多个路径，可以将【路径】面板下拉菜单中的命令同时应用于被选择的路径，如复制、删除、描边、填充等。如图 1-26 所示可以同时选择多个路径。

7. 改良的 3D 绘图

Photoshop CC 增强了 3D 绘制功能，可在绘制 3D 模型时实现更精确的控制和更高的准确度。在默认的实时 3D 绘画模式下绘画时，将看到画笔描边会同时在 3D 模型视图和纹理视图中实时更新，如图 1-27 所示。实时 3D 绘画模式可显著提升 3D 绘制性能，并可最大限度地减少失真。

图 1-25　局部提高亮度

图 1-26　选择多个路径

图 1-27　改良的 3D 绘制模式

1.2.4　Photoshop CC 的工作环境

Photoshop CC 版本中的界面布局方式并没有太大的变换，只是操作方式有所改进，新版本在工具条与面板布局上引入了全新的可伸缩的组合方式，使编辑操作更加方便、快捷。

1．Photoshop CC 的工作界面

当启动 Photoshop CC 后，打开如图 1-28 所示的 Photoshop 界面。发现该界面与之前的版本界面有所不同，在默认情况下，工具箱、工作区域与面板控制面板有其固定的位置，当然三者也可以成为浮动面板或者浮动窗口。

图 1-28　Photoshop CC 界面

其界面主要由如表 1-2 所示的部分组成。

表 1-2　Photoshop CC 界面组成部分与其简介

区　　域	简　　介
工具箱	工具箱中列出了 Photoshop 常用的工具，单击工具按钮或者选择工具快捷键即可使用这些工具。对于存在子工具的工具组（在工具右下角有一个小三角标志说明该工具中有子工具）来说，只要在图标上右击鼠标或单击左键不放，就可以显示出该工具组中的所有工具
菜单栏	Photoshop 的菜单栏中包括 10 个菜单，分别是【文件】、【编辑】、【图像】、【图层】、【类型】、【选择】、【滤镜】、【视图】、【窗口】和【帮助】。使用这些菜单中的菜单选项可以执行大部分 Photoshop 中的操作
面板	面板主要用于基本操作的控制和进行参数的设置。Photoshop 有多种面板，最常用的是【图层】、【通道】、【路径】、【颜色】、【色板】等面板。在面板上右击有时还可以打开一些快捷菜单进行操作

区　　域	简　　介
工具选项栏	工具选项栏是从 Photoshop 6.0 版本开始出现的，用于设置工具箱中当前工具的参数。不同的工具所对应的选项栏也有所不同
标题栏	标题栏位于窗口的顶端。左侧显示 Adobe Photoshop 图标，右侧有程序窗口控制按钮，从左到右依次是【最小化】按钮 ▬ 、【最大化】按钮 ▢ 、【关闭】按钮 ✕ ，这三个按钮是 Windows 窗口共有的
图像窗口	在打开一幅图像的时候就会出现图像窗口，它是显示和编辑图像的区域
状态栏	状态栏中显示的是当前操作的提示和当前图像的相关信息

2．工具箱

工具箱在 Photoshop 界面的左侧，当单击并且拖动工具箱时，该工具箱成为半透明状。如图 1-29 所示显示了工具箱中所有的工具。

图 1-29　工具箱中的工具

表 1-3 列出了工具箱中所有工具的名称、快捷键以及功能介绍，以方便查看。

表 1-3　工具箱中的各项工具与相应功能介绍

图标	工具名称	快捷键	工具功能介绍
▸╅	移动工具	V	移动图层和选区内图像像素
▢	矩形选框工具	M	创建矩形或者正方形选区
◯	椭圆形选框工具	M	创建椭圆或者正圆选区
▭	单行选框工具		创建水平 1 像素选区
▯	单列选框工具		创建垂直 1 像素选区
◯	套索工具	L	根据拖动路径创建不规则选区
◺	多边形套索工具	L	连续单击点创建多边形选区
◺	磁性套索工具	L	根据图像边缘颜色创建选区

图标	工 具 名 称	快捷键	工 具 功 能 介 绍
	魔棒工具	W	创建与单击点像素色彩相同或者近似的连续或者非连续的选区
	快速选择工具	W	利用可调整的圆形画笔笔尖快速"绘制"选区。拖动时,选区会向外扩展并自动查找和跟随图像边缘
	裁切工具	C	裁切多余图像边缘,也可以校正图像
	透视裁剪工具	C	可以透视变形图像
	切片工具	C	将图像分隔成多个区域,方便成组按编号输出网页图像
	切片选择工具	C	选取图像中已分隔的切片图像
	吸管工具	I	采集图像中颜色为前景色
	3D 材质吸管工具	I	采集 3D 对象中的材质属性
	颜色取样器工具	I	结合【信息】面板查看图像内颜色参数
	标尺工具	I	结合【信息】面板测量两点之间的距离和角度
	注释工具	I	为文字添加注释
	计数工具	I	用作度量图像的长、宽、高、起点坐标、终点坐标、角度等数据
	污点修复画笔工具	J	对图像中的污点进行修复
	修复画笔工具	J	对图像的细节进行修复
	修补工具	J	用图像的某个区域进行修补
	内容感知移动工具	J	可在无须复杂图层或精确选区的情况下快速地重构图像
	红眼工具	J	修改数码图像中的红眼缺陷
	画笔工具	B	根据参数设置绘制多种笔触的直线、曲线和沿路径描边
	铅笔工具	B	根据参数设置,绘制硬边直线、曲线和沿路径描边
	颜色替换工具	B	对图像局部颜色进行替换
	混合器画笔工具	B	将照片图像制作成绘画作品
	仿制图章工具	S	按 Alt 键定义复制区域后可以在图像内克隆图像,并可以设置混合模式、不透明度和对齐方式等参数
	图案图章工具	S	利用 Photoshop 预设图像或者用户自定义图案绘制图像
	历史记录画笔工具	Y	以历史的某一状态绘图
	历史记录艺术画笔工具	Y	用艺术的方式恢复图像
	橡皮擦工具	E	擦除图像
	背景橡皮擦工具	E	擦除图像显示背景
	魔术橡皮擦工具	E	擦除设定容差内的颜色,相当于魔棒+Del 键的功能
	渐变工具	G	填充渐变颜色,有 5 种渐变类型
	油漆桶工具	G	填充前景色或者图案
	3D 材质拖放工具	G	填充材质至 3D 对象中
	模糊工具		模糊图像内相邻像素颜色
	锐化工具		锐化图像内相邻像素颜色
	涂抹工具		以涂抹的方式修饰图像
	减淡工具	O	使图像局部像素变亮
	加深工具	O	使图像局部像素变暗
	海绵工具	O	调整图像局部像素饱和度
	钢笔工具	P	绘制路径

图标	工 具 名 称	快捷键	工具功能介绍
	自由钢笔工具	P	以自由手绘方式创建路径
	增加锚点工具		在已有路径上增加节点
	删除锚点工具		删除路径中某个节点
	转换点工具		转换节点类型，例如可以将直线节点转换为曲线节点进行路径调整
	横排文字工具	T	输入编辑横排文字
	直排文字工具	T	输入编辑垂直文字
	横排文字蒙版工具	T	直接创建横排文字选区
	直排文字蒙版工具	T	直接创建垂直文字选区
	路径选择工具	A	选择路径执行编辑操作
	直接选择工具	A	选择路径或者部分节点调整路径
	矩形工具	U	绘制矩形形状或者路径
	圆角矩形工具	U	绘制圆角矩形形状或者路径
	椭圆工具	U	绘制椭圆、正圆形状或者路径
	多边形工具	U	绘制任意多边形形状或者路径
	直线工具	U	绘制直线和箭头
	自定形状工具	U	绘制自定义形状和路径
	抓手工具	H	移动图像窗口区域
	旋转视图工具	R	旋转视图显示方向
	缩放工具	Z	放大或者缩小图像显示比例
	设置前景色和背景色		设置前景色和背景色，按 D 键恢复为默认值，按 X 键切换前景色和背景色
	以快速蒙版模式编辑	Q	切换至快速蒙版模式编辑
	更改屏幕模式	F	切换屏幕的显示模式

技 巧

当选中一个工具后，想在该工具组中来回切换，可以按 Shift＋该工具快捷键即可。

　　工具箱中的每一个工具都具有相应的选项参数，激活某个工具后，该工具相应的选项参数显示在工具选项栏中，用户可根据需要随时对选项或参数设置进行调整。如图 1-30 所示是部分工具的选项栏设置。

图 1-30　部分工具选项栏

3. 控制面板

Photoshop 中的控制面板综合了 Photoshop 编辑图像时最常用的命令和功能，以按钮和快捷键菜单的形式集合在控制面板中。在 Photoshop CC 中，所有控制面板以图标形式显示在界面右侧，并且将其分为 8 个面板组，如图 1-31 所示。

当单击其中一个面板图标后，该面板显示；如果想打开另外一个面板组，那么单击其中一个面板图标后，显示该面板组，而原来显示的面板组自动缩小为图标，如图 1-32 所示。

图 1-31　控制面板图标显示

图 1-32　打开或者隐藏面板

> **提　示**
>
> 要想隐藏打开的控制面板，可以再次单击该面板的图标，或者是单击面板组右上角的双三角 ▶▶ 。

1.3　Photoshop 文件操作

在 Photoshop 中，无论是绘制图像，还是编辑图像，最基本的操作方法必须首先掌握，例如打开或者保存不同格式的图像文件、设置图像大小、调整图像窗口的大小或位置等。

1.3.1　文件管理

使用 Photoshop 进行图像处理有多种方式：可以在一个新建的空白图像中绘制，也可以打开一个素材图像，在原有基础上进行编辑修改，还可以利用扫描仪、数码相机等输入设备来导入图像，并对图像进行特效处理，从而创作出富有创意的图像效果。所有这些工作方式，都是建立在掌握文件管理方法的基础之上。在 Photoshop 中，文件管理主要包括新建、打开及存储等操作。

1．新建文件

对于任何一个软件，新建文件都是初学者学习的最基本的操作，在 Photoshop 中，新建文件的方法是执行【文件】|【新建】命令（快捷键 Ctrl+N），打开【新建】对话框，如图 1-33 所示。在该对话框中可以设置新文件的大小、颜色模式以及背景图层等选项。

图 1-33　【新建】对话框

其中的各个选项的功能如表 1-4 所示。

表 1-4　【新建】对话框中的各个选项及功能

选项名称	功　能
名称	为新建的文件命名，如果不输入，则以默认名"未标题 1"为名
预设	在下拉列表中包括了一系列常用尺寸规格的空白文档模板，例如选择【国际标准纸张】选项，那么新建文件的大小为 105mm×148mm。如果选择【自定】，可以自己设置图像的宽度和高度
颜色模式	在下拉列表中可以选择【位图】、【灰度】、【RGB 颜色】、【CMYK 颜色】和【Lab 颜色】等多种颜色模式，默认为【RGB 颜色】模式。在颜色后面可以选择 8 位颜色，也可以选择 16 位颜色，一般选择 8 位
背景内容	设置新建图像背景图层的颜色，有 3 个选项：选择【白色】时，新建文件背景图层为白色；选择【背景色】时，新建文件背景与工具箱中设置的背景颜色一致；选择【透明】时，则新建一个完全透明的普通图层文档
高级	可以选取一个颜色配置文件，或选择不对文档进行色彩管理。对于【像素长宽比】，除非用于视频图像，一般选取【方形】
存储预设	对于经常使用的参数设置，可以单击该按钮存储起来。下次新建文件时，可以从【预设】下拉列表中找到上次存储的设置

技　巧

如果用户经常创建同样大小的文档，在第一次创建时设置好各选项，然后在第二次新建时，按快捷键 Ctrl+Alt+N，可以创建与第一次设置完全一样的文档。

2．打开文件

在进行平面设计过程中，经常需要对素材图片进行编辑或调整颜色，此时要先将此文件打开，载入到软件中。在 Photoshop 中，要打开图像文件，可以使用多种方式。

打开文件操作，最简单、最常用的方法就是执行【文件】|【打开】命令（快捷键 Ctrl+O），打开【打开】对话框，从中选择素材库里的图像或者已有的 Photoshop 文件，单击【打开】按钮即可，如图 1-34 所示。

图 1-34　【打开】对话框

技　巧

在 Photoshop 工作区域内双击也可以打开【打开】对话框。

Photoshop 支持多种格式的图片，例如 PSD、JPG、RMP、TIF、GIF 和 EPS 等。在【打开】对话框中，可以在【文件类型】下拉列表中选择要打开文件的格式，此时对话框中只显示符合格式要求的文件，如图 1-35 所示。

图 1-35　打开指定格式的图像

如果不知道图像的名称，可以通过缩略图来查找。在桌面上打开【我的电脑】，按住鼠标左键不放，用鼠标将选中的图片缩略图拖动到任务栏中的 Photoshop 图标上面，此时屏幕会自动切换到 Photoshop 中，将鼠标移至 Photoshop 的工作区域内，当鼠标显示为 图标时释放鼠标，即可在 Photoshop 中显示该图片。

提　示

要打开多个图像，可以在【打开】对话框中单击开始的第一个文件，然后按住 Shift 键单击最后一个文件，以选中多个连续的文件；按住 Ctrl 键同时单击要选取的文件，可以选中多个不连续的文件。

3. 存储文件

存储文件是将制作好的文件存储到计算机上，但有时为了避免绘图过程中出现停电、死机、Photoshop出错自动关闭等情况，都会导致未存储文件信息丢失。因此在编辑图像的过程中要养成经常存储的习惯，这样才能够避免不必要的麻烦。

执行【文件】|【存储】命令（快捷键 Ctrl+S），打开【另存为】对话框，如图 1-36 所示。

另存文件可以分为两种情况：一是当完成一幅作品时，因为 PSD 源文件所占的空间比较大，需要把原文件存储为其他格式；二是对原图像进行修改调整，存储为另一种效果。

图 1-36 　【另存为】对话框

如果当前文件曾经以一种格式存储过，可以执行【文件】|【存储为】命令（快捷键 Ctrl+Shift+S），打开【存储为】对话框。设置文件存储的位置和文件名称，然后在【格式】下拉列表中选择一种存储格式即可，各个选项的解释如表 1-5 所示。

表 1-5 　【存储为】对话框中的选项及功能

选　项	功　　能
保存在	该下拉列表用于选择文件的存储路径，选定的项目将显示在文件或者文件夹列表中
文件名	输入新文件的名称，这样在文件之间就比较容易辨认
格式	在该下拉列表中选择所要存储的文件格式
作为副本	启用该复选框，系统将存储文件的副本，但是并不存储当前文件，当前文件在窗口中仍然保持打开状态
注释	启用该复选框，图像的注释内容将与图像一起存储
Alpha 通道	启用该复选框，系统将 Alpha 通道信息和图像一起存储
专色	启用该复选框，系统将文件中的专色通道信息与图像一起存储
图层	启用该复选框，将会存储图像中的所有图层
使用小写扩展名	启用该复选框，当前存储的文件扩展名为小写，反之为大写

1.3.2　导入与导出文件

如果在其他软件中编辑过图像，在 Photoshop 中不能够直接打开，此时可以将该图像通过【导入】命令导入。有时 Photoshop 编辑的文件也需要在其他软件中进行编辑，此时就需要将文件导出。

1．导入文件

在进行图像处理的过程中，用户还可以利用 Windows 剪贴板，直接将其他应用程序中的图像复制并粘贴到 Photoshop 的图像窗口中进行编辑。

执行【文件】|【导入】|【注释】命令，可以将一些从输入设备上得到的图像文件或者 PDF 格式的文件直接导入到 Photoshop 的工作区内，如图 1-37 所示。

2．导出文件

执行【文件】|【导出】|【路径到 Illustrator】命令，弹出【导出路径到文件】对话框，选择【文档范围】，然后单击【确定】按钮，打开【选择存储路径的文件名】对话框。选择存储文件的位置，在【文件名】文本框里面输入要存储的文件名称，然后单击【保存】按钮即可将导出的文件保存为 AI 格式，如图 1-38 所示。

图 1-37　【载入】对话框

图 1-38　将文件导出

技　巧

利用 Windows 剪贴板不但可以将其他应用程序中的图像导入，而且也可以将 Photoshop 中的图像导出到其他的应用程序中。

1.3.3　置入图像

在 Photoshop 中，一般的图像格式可以通过【打开】命令打开，如果遇到特殊的图像格式例如矢量格式的图像等，则需要通过【置入】命令打开。

在 Photoshop 中可以通过【置入】命令将矢量图（例如 Illustrator 软件制作的 AI 图形文件）插入到 Photoshop 中当前打开的文档内使用。其方法是在 Photoshop 中新建一个空白文档，执行【文件】|【置入】命令，打开【置入】对话框，如图 1-39 所示。

在【置入】对话框中单击【置入】按钮。此时，文档中会显示一个浮动的对象控制框，用户可以更改它的位置、大小和方向。完成调整后在框线内双击或按回车键确认插入，如图 1-40 所示。

1.3.4 图像窗口操作

在制作或修改图像的时候，很多情况下需要同时编辑多个图像，例如将一个图像拖动到另一个图像中去，因此要在多个图像窗口之间频繁切换、缩放图像，以及改变图像的位置等。灵活掌握图像窗口的操作方法，有利于提高工作效率。

图 1-39　【置入】对话框

1. 调整图像窗口位置与大小

Photoshop 打开多个图像时，系统会按先后顺序将打开的图像依次排列。有的图片会被最上面的图片遮挡住，此时需要移动图像窗口的位置；有的图像在图像编辑区显示的不太完整，为了预览全图，需要对图像窗口进行缩放。

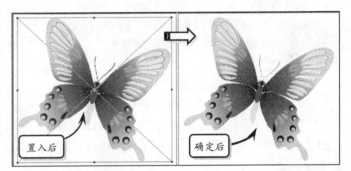

图 1-40　置入后的效果

□ 移动图像窗口位置

如果要把图像窗口摆放到屏幕适当的位置，需要对图像窗口进行移动。移动的方法很简单，首先将鼠标指针移动到窗口标题栏上，单击鼠标左键的同时，拖动图像窗口到适当的位置释放鼠标。

□ 改变图像窗口的大小

将鼠标指针移动到图像窗口的边框上面，当鼠标指针变成↕、↔、↖或↗几种形状时单击并拖动窗口，即可改变窗口的大小。

□ 切换图像窗口

当用户使用 Photoshop 编辑多个图像时，需要在不同的图像窗口之间切换。其方法是使用鼠标直接在另一幅图像窗口的标题栏上单击，就可以将该图像置为当前图像。

技 巧

按 Ctrl+Tab 快捷键或者 Ctrl+F6 快捷键可以切换到下一个窗口，按 Ctrl+Shift+Tab 快捷键或者 Ctrl+Shift+F6 快捷键，可以切换到上一个窗口。

2. 切换屏幕显示模式

在编辑图像的过程中，为了全面地观察图像效果，可以切换图像的显示模式。为了满足用户的需求，Photoshop 提供了 4 种不同的屏幕显示模式。

❏ **标准屏幕模式**

【标准屏幕模式】 窗口将会显示 Photoshop 中的所有组件。单击工具箱最下方的【屏幕模式】 按钮，选择【标准屏幕模式】选项，可以切换到标准屏幕模式的窗口显示，该模式较适合对 Photoshop 不太了解的初学者，如图 1-41 所示。

❏ **带有菜单栏的全屏模式**

【带有菜单栏的全屏模式】选项是不显示 Photoshop 的标题栏，而只显示菜单栏。单击工具箱最下方的【屏幕模式】 按钮，选择【带有菜单栏的全屏模式】选项，可以使图像最大化地充满整个屏幕，以便有更多的操作空间。

图 1-41　标准屏幕模式

❏ **全屏模式**

单击工具箱最下方的【屏幕模式】 按钮，选择【全屏模式】选项，可以切换到全屏模式。全屏模式下系统隐藏了菜单栏。该模式适合对 Photoshop 菜单栏熟悉的设计人员。

❏ **隐藏所有工具及菜单**

在 Photoshop 中还有一种图像显示模式，即除图像外隐藏所有的菜单及选项栏。该模式适合对 Photoshop 的各个菜单、工具以及面板上所有信息相当熟悉的设计人员。其方法是在【全屏模式】下同时按下 Tab 键即可。

> **提 示**
>
> 在 Photoshop 中按下 Tab 键可以将除菜单栏以外所有的工具、面板和选项隐藏，以便于设计者在编辑图像过程中有更大的操作空间。

3．创建图像窗口

新建图像窗口，可以观察同一种图像的不同视图。要新建窗口，首先在 Photoshop 中打开一张素材图片，执行【窗口】|【排列】|【为"××文件"新建窗口】命令，新窗口的名称与原来窗口的名称完全相同。新建图像窗口是为了更加方便地对图像进行修改和编辑。有效地放大图像的局部，进行较细微的处理，可以查看编辑操作对图像局部和全图的影响。

> **提 示**
>
> 新建窗口后，只要对新建的某一个窗口进行存储，就相当于对所有的新建窗口进行了存储，不需要逐一存储。

4．控制图像显示

在利用 Photoshop 编辑图像的过程中，要灵活控制图像的显示比例，以便于精确地编辑图像。例如，需要编辑图像的某个区域，可以放大该区域，编辑完毕后要预览全图，还要缩小图像。灵活运用此功能可以为设计人员带来很大的帮助。

❑ 缩放图像显示

在 Photoshop 中要放大或者缩小图像显示比例，最简单的方法就是选择工具箱中的【缩放工具】🔍，然后在工具选项栏中启用【放大】按钮🔍或者【缩小】按钮🔍，在图像窗口中单击即可，如图 1-42 所示。

图 1-42 缩放图像显示比例

技 巧

要放大或者缩小图像显示比例，还可以执行【视图】|【放大】（快捷键 Ctrl++）或者【缩小】（快捷键 Ctrl+-）命令，在状态栏中的比例文本框中输入数值即可。

❑ 在图像窗口中移动显示区域

选择【抓手工具】🖐，将鼠标移动到图像上，然后拖动鼠标即可移动显示区域。如图 1-43 所示。在选择【放大】按钮🔍或者【缩小】按钮🔍前提下，按下空格键也可以切换到【抓手工具】🖐。

图 1-43 使用【抓手工具】移动图像显示区域

1.4 思考与练习

一、填空题

1. 计算机记录图像的方式包括两种：一种是通过数学方法记录图像内容，即_____；另一种是用像素点阵方法记录，即_____。

2. 色彩可分为_____和_____两

大类。

3. _____就是每英寸图像含有多少个点或者像素,其单位为点/英寸(英寸缩写为 dpi)。

4. _____是指打印灰度级图像或者分色所用的网屏上每英寸的点数,是用每英寸有多少行或者线数来测量的。

5. 常见的颜色模式包括_____、CMYK颜色模式、Lab 颜色与 HSB 颜色模式。

二、选择题

1. Photoshop 的默认文件格式是_____。
   A. JPEG
   B. PSD
   C. PDF
   D. BMP

2. 要显示标尺,可以按下快捷键_____。
   A. Ctrl+D
   B. Ctrl+ "
   C. Ctrl+H
   D. Ctrl+R

3. 选择【缩放工具】的快捷键是_____。
   A. T
   B. H
   C. Z
   D. C

4. 放大图像显示比例的快捷键是_____。
   A. Ctrl++
   B. Ctrl+–
   C. Ctrl+0
   D. Ctrl+9

5. 通过快捷键_____可以在 3 种屏幕显示模式切换。
   A. Ctrl
   B. H
   C. F
   D. Alt

三、问答题

1. 矢量图与位图之间有什么区别?

2. 在 Photoshop 中主要采用哪些颜色模式?

3. Photoshop CC 有哪些新增功能?

4. 通过【置入】方式在 Photoshop 中打开的图像有何不同?

5. 通过哪些方式能够进行画布放大?

四、上机练习

1. 导入 AI 矢量图形

要导入 AI 格式的矢量图形,首先要新建一个空白画布。然后执行【文件】|【置入】命令,选择 AI 格式的文件,单击【确定】按钮即可将其导入其中,如图 1-44 所示。

图 1-44　导入 AI 矢量图形

2. 扩大操作空间

要在保留菜单的情况下最大限度地扩大操作空间,可以按 Tab 键隐藏工具箱和面板组图标,如图 1-45 所示。要想返回标准屏幕模式,只要再次按 Tab 键即可。

图 1-45　扩大操作空间

第2章

图像操作

  图像的基本操作是初学者使用 Photoshop CC 软件的第一步，无论是处理数码照片还是独立设计平面作品，均需要熟练地掌握 Photoshop 的基本操作，例如，调整图像分辨率、图像尺寸、画布大小，裁切图像和变换图像等。通过这些简单的操作，能够对图像进行基本编辑。

  本章将就 Photoshop 中的基本操作展开全面的讲解。目的是让用户掌握图像处理的操作方法，以便于以后在绘制和编辑图像过程中游刃有余。

本章学习要点：

> ➢ 颜色选取
> ➢ 复制与粘贴
> ➢ 图像位置
> ➢ 图像变形

图像的尺寸和分辨率对于设计者来说尤为重要。无论是打印输出或屏幕上显示的图像，制作时都需要设置图像的尺寸和分辨率，这样才能按要求进行创作。有效地更改图像的分辨率，会大幅度提高工作效率。

2.1.1　更改图像大小

图像的文件大小以千字节（KB）、兆字节（MB）或千兆字节（GB）为度量单位。文件大小与图像的像素大小成正比。图像中包含的像素越多，在给定的打印尺寸上显示的细节也就越丰富，但需要的磁盘存储空间也会增多，而且编辑和打印的速度可能会更慢。因此，更改图像大小不仅会影响图像像素大小，还会影响图像的品质和打印特性，以及打印尺寸或图像分辨率。

无论是改变图像分辨率、尺寸还是像素大小，都需要使用【图像大小】对话框来完成。执行【图像】|【图像大小】命令（Alt+Ctrl+I快捷键），即可弹出相应的对话框，Photoshop CC 中的【图像大小】进行了更新，增加了预览图像窗口，如图 2-1 所示。

图 2-1　【图像大小】对话框

在改版后的【图像大小】对话框中，要查看图像的其他区域，可以在预览内拖动图像，如图 2-2 所示。

提　示

要想在预览窗口中放大图像尺寸，可以按住 Ctrl 键单击预览窗口；要想缩小图像尺寸，可以按住 Alt 键单击预览窗口。

如果要更改预览窗口的大小，可以拖动【图像大小】对话框的一角并且调整其大小，如图 2-3 所示。

图 2-2　查看局部图像

要更改像素尺寸的度量单位，可以单击【尺寸】选项附近的三角形并从菜单中选取度量单位。保持最初的宽高度量比，必须确保启用【约束比例】选项。如果要分别缩放宽度和高度，单击【约束比例】图标以取消它们的链接，如图 2-4 所示。

注　意

如果图像带有应用了样式的图层，需要从齿轮图标选择【缩放样式】选项，在调整大小后的图像中缩放效果。只有选中了【约束比例】选项，才能使用此选项。

默认情况下，【重新采样】选项是被启用的。在该选项的下拉列表中提供了以下几种重定图像像素的方式，它们的具体功能如下。

图2-3 调整预览窗口大小

❑ 自动化 Photoshop 根据文档类型以及是放大还是缩小文档来选取重新取样方法。

❑ 保留细节（扩大） 选取该方法，可在放大图像时使用【减少杂色】滑块消除杂色，在放大图像时提供更优锐度的方法，如图2-5所示。

❑ 两次立方（较平滑）（扩大） 一种基于两次立方插值且旨在产生更平滑效果的有效图像放大方法。

图2-4 放大宽度

图2-5 无损放大

❑ 两次立方（较锐利）（缩小） 一种基于两次立方插值且具有增强锐化效果的有效图像减小方法。此方法在重新取样后的图像中保留细节。如果使用【两次立方（较锐利）】会使图像中某些区域的锐化程度过高，可以尝试使用【两次立方】。

❑ 两次立方（平滑渐变） 一种将周围像素值分析作为依据的方法，速度较慢，但精度较高。【两次立方】使用更复杂的计算，产生的色调渐变比【邻近】或【两次线性】更为平滑。

❑ **邻近（硬边缘）** 一种速度快但精度低的图像像素模拟方法。该方法会在包含未消除锯齿边缘的插图中保留硬边缘并生成较小的文件。但是，该方法可能产生锯齿状效果，在对图像进行扭曲或缩放时或在某个选区上执行多次操作时，这种效果会变得非常明显。

❑ **两次线性** 一种通过平均周围像素颜色值来添加像素的方法。该方法可生成中等品质的图像。

当禁用【重新采样】选项后，设置【分辨率】参数值的同时可以改变图像的宽度与高度，如图2-6所示。

图 2-6 禁用【重新采样】选项

2.1.2 调整画布

【画布大小】对话框中的【相对】选项，能够设置当前画布大小添加或减去的数量。当启用该选项后，输入一个正数将为画布添加一部分；而输入一个负数将从画布中减去一部分，如图2-7所示。

源素材

宽度和高度均为 100 像素

宽度和高度均为–300 像素

图 2-7 画布大小

提示

默认情况下，在【画布大小】对话框中启用【相对】复选框后，【新建大小】选项中的【宽度】和【高度】参数会以 0 开始计算。

另外，在【画布扩展颜色】下拉列表中，用户可以设置扩展后的画布颜色。扩展画布与收缩画布的道理是一样的，都是通过控制箭头的方向来设置的。如果图像不包含背景图层，则【画布扩展颜色】下拉列表是被禁用的。

2.2 选择颜色

Photoshop 具有强大的绘图功能，与传统的手工绘画一样，在绘图之前必须设置好颜色。在 Photoshop 中既可以独立设置颜色，也可以借用现有的颜色。

在拾色器对话框中只能设置前景色或者背景色，而 Photoshop 中的【颜色】面板可以同时设置这两种颜色。在默认情况下，该面板提供的是 RGB 颜色模式滑杆，如图 2-8 所示。

1. 选择颜色

在【颜色】面板中，单击前景色色块后，无论是单击面板中的色谱，还是拖动滑块，均可以改变前景色。同时工具箱中的前景色也会随之改变，如图 2-9 所示。

技 巧

要想在【颜色】面板中设置背景颜色，只需要单击该面板中的背景色色块即可使用相同的方法设置。

2. 颜色模式

单击该面板右上角的三角图标，在关联菜单中包括 6 种不同模式的滑块，选择其中一个命令，面板会发生相应的变化，如图 2-10 所示。其中选择不同模式滑块时，其选色的方法是不同的，具体说明如表 2-1 所示。

图 2-8 【颜色】面板

图 2-9 设置前景色

图 2-10 不同模式滑块显示

▓ 表 2-1　6 种不同滑块的功能

名　称	功　能
灰度滑块	选择该选项后，面板中只显示一个 K（黑色）滑杆，其中只能设置 0~255 之间的色调，即只有从白到黑的 256 种颜色。选色时也可以用鼠标拖动滑块或在其后面输入数值
RGB 滑块	选择该选项时，面板中会显示 R（红色）、G（绿色）、B（蓝色）三个滑杆。其三者范围都在 0~255，拖动这三个滑杆上的小三角滑块即可通过改变 R、G、B 的不同色调来选色。设定后的颜色会显示在前景色和背景色按钮中。用户也可以在滑杆后的文本框中输入 R、G、B 的数值来指定颜色。当三个数值都为 0 时是黑色，都为 255 时，为白色。当要选择背景色时，应在【颜色】面板中单击选中背景色，然后再使用滑杆进行选色
HSB 滑块	选择该选项后，滑杆变为 H（色相）、S（饱和度）、B（亮度）滑杆。通过拖动这三个滑杆上的小三角滑块可以分别设置 H、S、B 的值，其使用方法与 RGB 相同
CMYK 滑块	选择该选项后，滑杆变为 C（青色）、M（洋红色）、Y（黄色）、K（黑色）四个滑杆，使用方法与 R、G、B 滑杆相同
Lab 滑块	选择该选项后，滑杆变为 L、a、b 三个滑杆。L 用于调整亮度（其范围 0~100）；a 用于调整由绿到鲜红的光谱变化；b 用于调整由黄到蓝的光谱变化。后两者的取值范围都在 -120~120

名　称	功　能
Web 颜色滑块	选择该选项后，滑杆变为 R、G、B 三个滑杆，它与 RGB 滑杆不同，主要用来选择 Web 上使用的颜色。其每个滑杆上分为 6 个颜色段，所以总共只能调配出 216（6×6×6＝216）种，并且在滑杆右侧文本框汇总可以输入 RGB 三色的编号来指定颜色

3. 色谱

在【颜色】面板中无论使用哪一个模式滑块设置颜色，都可以选择不同的色谱。只要在该面板的关联中选择色谱命令即可，如图 2-11 所示为在 RGB 模式滑块中显示的是灰度色谱。

图 2-11　灰色色谱

2.3　基本编辑命令

在编辑图像过程中，通常需要对图像执行一些基本操作，如复制图像、将图像中的某个区域的图像清除等。下面就这些基本操作命令进行详细地介绍。

2.3.1　恢复与重做文件

无论是改变图像大小，还是改变图像形状，均能够进行图像恢复。而在恢复图像操作中，既可以进行步骤还原，还可以进行步骤重做。

当图像进行编辑后，要想返回上一步操作，只要执行【编辑】|【还原】命令（快捷键 Ctrl+Z），可以将图像恢复到最后一次操作之前的状态，如可以撤销一次描绘或编辑工具的处理效果，或者是撤销一条特定效果或颜色校正命令。

另外，现在 Photoshop 软件支持按 Ctrl+Alt+Z 快捷键后退一步，或按 Ctrl+Shift+Z 快捷键前进一步的操作。这样很容易进行状态比较，同样也可以很容易改变方案。

注　意

在 Photoshop 中，不能恢复磁盘操作，如打开或保存文件。但是 Photoshop 支持恢复打印图像之后的编辑操作。可以测试观察这种效果，先打印图像，如果看起来不满意，可以将操作还原。

使用【历史记录】面板，可以在当前工作会话期间，跳转到所创建图像的任一最近状态。每次对图像应用更改时，图像的新状态都会添加到该面板中。这样就可以将操作恢复到面板中记录的任意一步。

在该面板中，记录每次重要的操作，除了设置值和首选项（例如选择一个新的前景色）之外，其他的每一步都被添加到历史记录列表中。最早的操作显示在列表的最上方，而最近的操作显示在列表的底部。

面板中的每个项目表示图像处理过程的一个手段，也是某个时刻的一个情况，列表中的每个项目被称为"状态"。如果需要将图像恢复到最初打开时的状态，可以在最后一次保存之前，到【历史记录】面板的顶部单击最上面的项目即可，如图 2-12 所示。

在【历史记录】面板中，确定状态的内容，只需单击该状态，Photoshop 就会立刻撤销该状态之后执行的所有操作，从而返回到该状态。

如果编辑图像到一定状态时，为了能够定格此状态下的图像效果，可以单击【历史记录】面板中的【创建新快照】按钮 ，以创建出一个快照，如图 2-13 所示。

图 2-12　【历史记录】面板

当对图像再次编辑了好多步骤，而又想回头比较一下刚才状态下的效果时，只需在该面板中，单击此快照即可显示出此状态下的效果。

在 Photoshop 中内存足够的情况下，可以保存任意多个快照，以方便在图像处理过程中，不断地对比前后效果。

图 2-13　创建快照

2.3.2　图像复制

剪切、复制和粘贴是编辑图像中频繁用到的命令，有效地运用这些命令，在创作过程中会事半功倍。在 Photoshop 中复制图像也分为局部复制与整体复制。

1. 复制与剪切

在移动局部图像中，可以在不破坏源文件的情况下移动，这叫作复制；也可以在破坏源文件的情况下移动，这叫做剪切。

❑　复制粘贴

如果在不破坏源文件的情况下移动局部图像至另外一个文件内，那么首先要准备两个图像文档，并且其中一个文档中还要在要移动的图像中建立选区，如图 2-14 所示，按快捷键 Ctrl+C，执行【拷贝】命令。

图 2-14　源图像与目标图像

然后在目标图像中执行【编辑】|【粘贴】命令（快捷键 Ctrl+V），这时局部图像出现在该文档中，如图 2-15 所示。

❑　剪切图像

在 Photoshop 中进行剪切图像同复制图像一样简单，执行【编辑】|【剪切】命令（快捷键 Ctrl+X）即可。但是需要注意的是，剪切是将选取范围内的图像剪切掉，并放入剪贴板中。所以剪切区域内图像会消失，并填入背景色颜色，如图 2-16 所示。

无论是选择【拷贝】命令还是【剪切】命令，在此之前必须选取一个范围。并且注意在复制时，是否在当前作用图层上。若选取范围内是透明的，没有图像内容，则执行【拷贝】和【剪切】命令后，会出现提示对话框。

图 2-15　粘贴后的图像

2．合并拷贝

在【编辑】菜单中还提供了【合并拷贝】命令。这个命令也是用于复制和粘贴图像，但是不同于【拷贝】命令。

【合并拷贝】命令用于复制图像中的所有图层，即在不影响源图像的情况下，将选取范围内的所有图层均复制并放入剪贴板中。

图 2-16　图像剪切前后对比

在图像文档中存在两个或两个以上图层时，按快捷键 Ctrl+A 执行【全选】命令，然后执行【编辑】|【合并拷贝】命令（快捷键 Ctrl+Shift+C），如图 2-17 所示。

使用【合并拷贝】命令时，必须先创建一个选取范围，并且图像中要有两个或两个以上的图层，否则该命令不可以使用。该命令只对当前显示的图层有效，而对隐藏的图层无效。

接着打开另外一个图像文档执行【粘贴】命令，就会将刚才文档中的所有图像粘贴至其中，如图 2-18 所示。

图 2-17　合并拷贝

图 2-18　粘贴至图像中

2.3.3　图像清除

【清除】命令与【剪切】命令类似，不同
的是，【剪切】命令是将图像剪切后放入剪贴
板，而【清除】则是删除，并不放入剪贴板。
要清除图像，首先要创建选取范围，指定清除
的内容，如图 2-19 所示。

然后执行【编辑】|【清除】命令，即可清
除选取区域，如图 2-20 所示。其中，【清除】
命令是删除选区中的图像，所以类似于【橡皮
擦工具】。

🖴 **图 2-19**　建立选区

2.4　变换与变形

在实际工作过程中，可以对选区、整个图
层、多个图层或图层蒙版应用变换，也可以向
路径、矢量形状、矢量蒙版或 Alpha 通道应用
变换。而在 Photoshop 中，除了传统的自由变
换命令外，还可以根据图像内容进行内容识别
缩放。

🖴 **图 2-20**　执行【清除】命令

2.4.1　变换图像

在 Photoshop 中，图像的变换并不只是简单的缩放或者变形操作，所以除了传统的
变换操作外，还包括内容感知型变换。

1. 普通变换

打开一幅图像后，执行【编辑】|【变换】命令（快捷键 Ctrl+T），其中，包括的变
换命令能够进行各种样式的变形，如图 2-21 所示。

- ❏ **缩放**　缩放操作通过沿着水平和垂直方向拉伸，或挤压图像内的一个区域来修改
  该区域的大小。
- ❏ **旋转**　旋转允许改变一个图层内容或一个选择区域进行任意的方向旋转。其中菜
  单中还提供了【旋转 180 度】、【旋转 90 度（顺时针）】和【旋转 90 度（逆时针）】
  命令。
- ❏ **斜切**　沿着单个轴，即水平或垂直轴，倾斜一个选择区域。斜切的角度影响最终
  图像将变得有多么倾斜。要想斜切一个选择区域，拖动边界框的那些节点即可。
- ❏ **扭曲**　当扭曲一个选择区域时，可以沿着它的每个轴拉伸进行操作。和斜切不同
  的是，倾斜不再局限于每次一条边。拖动一个角，两条相邻边将沿着该角拉伸。
- ❏ **透视**　透视变换是挤压或拉伸一个图层或选择区域的单条边，进而向内外倾斜两

条相邻边。

原图　　　　　　缩放　　　　　　旋转　　　　　　斜切

扭曲　　　　　　透视　　　　　　变形　　　　　旋转180度

旋转90度（顺时针）　　旋转90度（逆时针）　　　水平翻转　　　　　垂直翻转

图 2-21　各种变换

❑ **变形**　该命令可以对图像任意拉伸从而产生各种变换。
❑ **水平翻转**　该命令是沿垂直轴水平翻转图像。
❑ **垂直翻转**　该命令是沿水平轴垂直翻转图像。

2. 内容感知型变换

　　内容识别缩放功能可在不更改重要可视内容（如人物、建筑、动物等）的情况下调整图像大小，它可以通过对图像中的内容进行自动判断后决定如何缩放图像。虽然这种判断并不是百分之百准确的，但确实是 Photoshop 通往智能化的一个标志。

　　打开一幅图像，并且进行图层复制。执行【编辑】|【内容识别比例】命令（快捷键 **Alt+Ctrl+Shift+C**），即可对图像进行有识别的变换。变换后的图像，主体人物不会进行很大变形，而大面积的天空或水面等，会智能地将其进行缩放，这点也是该项功能与普通变换工具的不同之处，如图 2-22 所示。

原图　　　　　　　　　内容识别缩小　　　　　　　普通缩小

图 2-22　内容识别缩小

2.4.2 操控变形

操控变形功能提供了一种可视的网格，借助该网格，可以随意地扭曲特定图像区域的同时保持其他区域不变。应用范围小至精细的图像修饰，如发型设计，大至总体的变换，如重新定位手臂或下肢。

要想为图像进行操控变形，首先选择图像所在的图层，然后执行【编辑】|【操控变形】命令，光标变成图钉形状，如图 2-23 所示。

图 2-23 执行【操控变形】命令

提 示

除了图像图层、形状图层和文本图层之外，还可以向图层蒙版和矢量蒙版应用操控变形。要以非破坏性的方式扭曲图像，可以使用智能对象。

这时，工具选项栏中将显示操控变形的选项。其中，各个选项及作用如下。

- ❏ **显示网格**　启用该选项可以显示图像的网格，如图 2-24 所示。禁用该选项可以只显示调整图钉，从而显示更清晰的变换预览。
- ❏ **模式**　确定网格的整体弹性。其中选项包括【正常】、【刚性】与【扭曲】。

图 2-24 网格显示

提 示

要适用于对广角图像或纹理映射进行变形的极具弹性的网格，可以选取【扭曲】。

- ❏ **浓度**　确定网格点的间距。较多的网格点可以提高精度，但需要较多的处理时间；较少的网关点则反之，如图 2-25 所示。
- ❏ **扩展**　扩展或收缩网格的外边缘，如图 2-26 所示。

图 2-25 网格浓度

图 2-26 扩展网格

当执行【操控变形】命令后，在图像区域单击，即可添加图钉。单击不同的区域，能够添加多个图钉，如图2-27所示。

继续使用光标单击并拖动某个图钉，即可改变该图钉所在图像的位置与形状，如图2-28所示。

图 2-27　添加图钉

这时会发现改变形状与位置的图像，会显示在重叠图像的下方。要想改变其上下关系，可以在工具选项栏中单击【图钉深度】按钮，使下方图像与上方图像对调，如图2-29所示。

要固定改变图钉的旋转角度，首先要单击选中某个图钉，然后在工具选项栏中选择【旋转】选项为【固定】，并且在角度文本框中输入数值即可，如图2-30所示。

图 2-28　移动图钉

2.4.3　旋转画布与视图

在 Photoshop 中，执行【图像】|【图像旋转】命令中的子命令，能够将画布进行任意角度的旋转。只是当进行90度、180度与360度以外的角度旋转时，画布会自动添加边缘，使其成为矩形画布，如图2-31所示。

图 2-29　改变顺序

图 2-30　固定旋转

如果是针对视图进行360度旋转，而不是针对图像。那么就不会出现扩大画布的现象。方法是选择工具箱中的【旋转视图工具】 ，在画布中单击并旋转鼠标，即可旋转画布，如图2-32所示。

在旋转后绘制矩形选区，能够发现，选区仍然按照原先视图的方向进行显示，如图2-33所示。

图 2-31 旋转图像

图 2-32 旋转视图

图 2-33 绘制选区

使用该功能，用户可以对设计方案进行多角度的浏览，以方便提高作图的效率。而在使用之前，必须在【首选项】对话框中的【性能】选项中，启用【启用 OpenGL 绘图】选项，方能够进行视图旋转。

2.5 课堂练习：为照片添加相框

本实例是为照片添加相框效果，如图2-34所示。相框无论是真实的还是图片效果格式的，都是用来美化照片的。一些单调乏味的照片，添上一些相框花边，会显得生动美观。在 Photoshop 中，主要是通过将图片拖动到 PSD 格式相框素材文档中，制作带有相框图像效果的。

图 2-34 为照片添加相框效果

操作步骤：

1. 执行【文件】|【打开】命令（快捷键 Ctrl+O），在弹出的【打开】对话框中，选择 PSD 格式的"相框"素材，单击【打开】按钮 打开(0)，在 Photoshop 中打开，如图 2-35 所示。

2. 打开 Mini Bridge 面板，同时选中照片素材并且双击，在 Photoshop 中打开，如图 2-36 所示。

图 2-36 打开照片素材

3. 使用【移动工具】，将"小狗 01"图片拖至"相框"文档中，自动命名图层为"图层 1"图层，如图 2-37 所示。

图 2-37 拖动图像至其他文档

4. 执行【图层】|【排列】|【后移一层】命令，将"图层 1"移动到"相框"图层下方，如图 2-38 所示。

图 2-38 改变显示顺序

5. 按快捷键 Ctrl+T，显示变换框。在工具选项栏中，单击【成比例缩放】按钮，设置缩放参数为 50%。按 Enter 键结束缩小操作后，使用【移动工具】改变该图像位置，使其放置在下方两个相框区域内，如图 2-39 所示。

图 2-39 缩小并移动

6. 使用上述方法，将素材"小狗 02"图像拖入"相框"文档中。并成比例缩小该图像，使其放置在右上方相框区域内，如图 2-40 所示。

图 2-40 拖入并缩小

加相框",将制作好的图像另存为其他名称,以保留原图像文档,如图 2-41 所示。

提示

在导入"小狗 02"图像之前,"图层 1"图层为工作图层,所以再次导入的图像直接放置在该图层之上。也就是说,导入的图像所在图层是放置在"相框"图像所在图层的下方,所以不需要调整图层顺序。

7 完成操作后,执行【文件】|【存储为】命令(快捷键 Ctrl+Shift+S),在弹出的【存储为】对话框,设置【文件名】为"为照片添

图 2-41 保存文档

2.6 课堂练习:为图像添加个性边框

本实例是为图像添加个性边框效果,通过对图像进行颜色调整,使用【自由变换】【特殊模糊】和【混合模式】进行制作,如图 2-42 所示是接下来要制作的练习效果,将使用【自由变换】命令在图像中进行旋转,配合【描边】命令制作出相框的效果。

图 2-42 个性边框效果

操作步骤:

1 导入人物素材,按快捷键 Ctrl+J 复制人物素材图层,执行【滤镜】|【模糊】|【特殊模糊】命令,设置参数为默认,如图 2-43 所示。

2 选择人物图层副本,在【图层面板】中将混合模式改为【柔光】,按快捷键 Ctrl+E,合并可见图层,如图 2-44 所示。

图 2-43　特殊模糊效果

图 2-44　设置【柔光】

3 按快捷键 Ctrl+J 复制人物素材副本，使用【矩形选框工具】，绘制矩形选区，按快捷键 Ctrl+Alt+T 变换角度，不取消选区，如图 2-45 所示。

绘制矩形

图 2-45　绘制矩形

4 新建"画框"图层，执行【编辑】|【描边】命令，设置参数，如图 2-46 所示。

设置

图 2-46　设置描边

5 选择"画框"图层，双击图层，打开【图层样式】对话框，启用【投影】复选框，设置参数，继续保留画框选区，如图 2-47 所示。

图 2-47　画框投影效果

6 选择人物图层，按快捷键 Ctrl+Shift+I 反选，执行【图像】|【调整】|【去色】命令，取消选区完成最后操作，如图 2-48 所示。

去色

图 2-48　去色效果

一、填空题

1．在【图像大小】对话框中要想成比例缩放图像尺寸，必须启用【＿＿＿＿＿】选项。

2．要选择颜色既可以在拾色器中完成，也可以在【＿＿＿＿＿】面板中完成。

3．Photoshop 中的【＿＿＿＿＿】面板可以直接使用现有颜色。

4．Photoshop 中的复制与粘贴快捷键分别为＿＿＿＿＿和＿＿＿＿＿。

5．通过图钉进行局部变形的命令是【＿＿＿＿＿】命令。

二、选择题

1．要想复制文档中所有图层中的图像，需要执行【编辑】|【＿＿＿＿＿】命令。

A．拷贝

B．剪切

C．贴入

D．合并拷贝

2．与【前进一步】和【后退一步】命令相对应的快捷键是＿＿＿＿＿。

A．Shift+Alt+Y 和 Shift+Ctrl+Z

B．Shift+Ctrl+Z 和 Alt+Ctrl+Z

C．Alt+Ctrl+Z 和 Shift+Alt+Y

D．Shift+Ctrl+Z 和 Shift+Alt+Z

3．要清除图像，可以执行【编辑】|【清除】命令，或者按＿＿＿＿＿键。

A．Backspace

B．Insert

C．Delete

D．Enter

4．下列选项中，＿＿＿＿＿不属于自由变换中的命令。

A．翻转

B．斜切

C．透视

D．扭曲

5．使用＿＿＿＿＿可以自由旋转视图。

A．【抓手工具】

B．【视图旋转工具】

C．【缩放工具】

D．【移动工具】

三、问答题

1．如何在不改变图像尺寸的同时改变图像分辨率？

2．如何使用【吸管工具】选择现有颜色？

3．简要概述复制图像的多种情况。

4．如何进行局部变形操作？

5．在什么情况下才能够进行自由旋转视图操作？

四、上机练习

1．裁切图像

对于画布中存在空白区域的图像，可以通过【裁切】命令，直接将其删除，从而使图像填充整个画布。方法是，打开图像文档后，执行【图像】|【裁切】命令，启用【裁切】选项组中的所有选项，单击【确定】按钮，即可将画布中的空白区域裁切掉，如图 2-49 所示。

图 2-49　裁切图像

2. 改变人物形状

改变图像形状包括多种方法，而改变局部图像则需要运用到 Photoshop CC 的【操控变形】命令。虽然只要拖动图钉即可改变该图钉所在的图像位置，但是为了保持图像其他区域位置不变，则需要通过添加图钉来进行固定，如图 2-50 所示。

图 2-50　改变人物形状

第3章

初识图层

在 Photoshop 中，所有图像编辑操作都是通过图层完成的，使用图层功能，可以将图像的不同组成部分放置在不同图层中，从而方便地修改图像，简化图像操作，使图像编辑更具有弹性。

在本章中，主要介绍图层概念与图层使用方法，以及了解图层的分类、属性、复合图层的创建与设置方法。使读者能够在 Photoshop 中灵活地使用图层进行图像制作。

本章学习要点：

➢ 图层结构
➢ 图层属性
➢ 图层组功能
➢ 智能图层

　　图层就像一张张堆叠在一起的透明纸，每张透明纸就是一个图层，这些透明纸将图像分出层次，上面的在前面，下面的在后面。并且透过图层的透明区域，可以观察到下面的内容，如图 3-1 所示。

　　图 3-1　图层原理

3.1.1　认识【图层】面板

　　【图层】面板是图层操作必不可少的工具，主要用于显示当前图像的图层信息。如果要显示【图层】面板，用户可以执行【窗口】|【图层】命令（快捷键 F7），打开【图层】面板，如图 3-2 所示。面板中按钮名称及功能介绍如表 3-1 所示。

　　图 3-2　【图层】面板

表 3-1　【图层】面板各项功能介绍

序号	图标	名　　称	功　　能
A	无	选取滤镜类型	根据不同的图层类型，来进行搜索图层
B		打开或关闭图层过滤	用来锁定或打开选取滤镜类型
C	无	图层混合模式	在该列表中可以选择不同的图层混合模式，来决定这一图像与其他图层叠合在一起的效果
D	无	图层总体不透明度	用于设置每一个图层的全部不透明度
E	👁	指示图层可视性	单击可以显示或隐藏图层
F	无	图层内部不透明度	用于设置每一个图层的填充不透明度
G	⇔	链接图层	选择两个或两个以上的图层，激活【链接图层】图标，单击即可链接所选中的图层

序号	图标	名　称	功　能
H	*fx.*	添加图层样式	单击该按钮,在下拉菜单中选择一种图层效果以用于当前所选图层
I	□	添加图层蒙版	单击该按钮可以创建一个图层蒙版,用来修改图层内容
J	●.	创建新的填充或调整图层	单击该按钮,在下拉菜单中选择一个填充图层或调整图层
K	□	创建新组	单击该按钮可以创建一个新图层组
L	🗖	创建新图层	单击该按钮可以创建一个新图层
M	🗑	删除所选图层	单击该按钮可将当前所选图层删除

　　为了便于辨识预览图中的内容,可以放大图层缩览图。单击【图层】面板右边的小三角,选择【面板选项】命令,打开【图层面板选项】对话框。在该对话框中,可以选择不同大小的预览效果,如图3-3所示。

　　在制作复杂的图像效果时,【图层】面板会包含多种类型的图层,每种类型的图层都有不同的功能和用途,适合创建不同的效果,它们在【图层】面板中的显示状态也各不相同,如图3-4所示。其中各种类型的图层功能如表3-2所示。

图 3-3　选择缩览图大小　　　　　图 3-4　图层示意图

表 3-2　不同类型的图层功能

序号	名　称	功　能
A	当前工作图层	当前选择的图层。在编辑图像中,只能对当前工作的图层进行修改

序号	名　　称	功　　能
B	链接图层	保持链接状态的多个图层，在移动其中一个链接图层时，同时也在移动其他链接的图层
C	剪贴蒙版	基底图层的透明像素会蒙盖其上方图层的内容，上层图层显示剪贴蒙版图标↓，剪贴蒙版常用于图像合成，在编辑和操作上都十分灵活
D	调整图层	调整图层可以调整图像的色彩，但不会永久更改像素值，调整图层可以随时修改或删除，删除后即可恢复图像的原始状态
E	智能对象图层	包含有嵌入的智能对象图层，在放大或缩小含有智能对象的图层时，不会丢失图像像素
F	图层组	当【图层】面板中的图层数量较多时，可以通过创建图层组来组织和管理图层，以便于查找和编辑图层
G	图层蒙版图层	添加了图层蒙版的图层，通过对图层蒙版的编辑可控制图层中图像的显示范围和显示方式，是进行图像合成的重要方法
H	矢量蒙版图层	带有矢量形状的蒙版图层，由于矢量图层不受分辨率的限制，因此在进行缩放时可保持对象边缘光滑无锯齿，并且修改也较为容易，常用来创建图形、标志和 LOGO 等
I	图层样式	添加了图层样式的图层。Photoshop 提供了大量的图层样式，可快速创建特效，而且用户还可以对样式进行修改，并将修改后的效果保存为自定义的样式，以便于以后使用，图层样式删除后不会对图像产生影响
J	填充图层	通过填充"纯色"、"渐变"、"图案"等，创建特殊效果的图层。
K	变形文字图层	执行了变形操作的文字图层，Photoshop 提供了 15 种文字变形效果，如"贝壳"、"花冠"、"旗帜"等。变形文字图层保持了文字的可编辑性
L	文字图层	使用文本工具输入文字时，即可创建文字图层，文字图层在栅格化之前可以随时进行编辑修改
M	3D 图层	能够进行三维空间旋转与编辑的三维图层，其中包括多种三维类型
N	背景图层	【图层】面板中最下面的图层即为背景图层。背景图层不能移动、修改混合模式、设置透明度和添加蒙版等操作，但是，可以双击将其转化为普通图层。在创建包含透明内容的新图像时，图像没有背景图层，一幅图像中可以没有背景图层，但最多只能有一个背景图层

3.1.2　锁定图层

锁定图层可以保护图层的属性不被破坏，如锁定位置，则图像不能移动。Photoshop 共提供了以下 4 种锁定方式。

1. 锁定全部🔒

可以将图层的所有属性锁定，除了可以对图像进行复制并放入图层组以外的一切编辑均不能应用到锁定的图像当中。

2. 锁定透明像素▣

启用该按钮后，图层中的透明区域将不被编辑。

3. 锁定图像像素🖌

启用【锁定图像像素】按钮🖌，无法对图层中的像素进行修改，包括使用绘图工具

Photoshop CC 图像处理标准教程

进行绘制，以及使用色调调整命令等。

4．锁定位置⊕

单击【锁定位置】按钮，图层中的内容将无法移动。

3.2 图层合并与盖印图层功能

平面图像是由不同的图像组合而成的，要想简化图层，可以将图层合并；要想在制作过程中，保留阶段性效果，或者保留制作过程，则可以通过盖印图层功能，新建并合并图层，在新图层中得到合并效果。

3.2.1 合并图层

越是复杂的图像，其图层数量越多。这样不仅导致图形文件多大，还给存储和携带带来很大的麻烦。这时，可以通过不同方式进行图层合并。

1．向下合并图层

要想合并相邻的两个图层或组，可以执行【图层】|【向下合并】命令（快捷键 Ctrl+E），将其合并为一个图层，如图 3-5 所示。

图 3-5　向下合并图层

2．合并可见图层

当【图层】面板中存在隐藏图层时，执行【图层】|【合并可见图层】命令（快捷键 Ctrl+Shift+E），能够将隐藏图层以外的所有图层合并，如图 3-6 所示。

3．拼合图像

拼合图像能够将所有显示的图层，合并为"背景"图层。如果【图层】面板中存在隐藏图层，那么必须将其删除，才能够合并所有的图层，如图 3-7 所示。

图 3-6　合并可见图层

3.2.2 使用盖印图层功能

盖印图层可以合并可见图层到一个新的图层，但同时使原始图层保持完好。这样可以不破坏原来图层的信息，它主要包括以下两种盖印方式。

1. 盖印多个图层或链接图层

该操作的前提条件就是选中所需要盖印的图层或者链接的图层，按快捷键 Ctrl+Alt+E 就可以完成此操作，如图 3-8 所示。

2. 盖印所有可见图层

盖印之前，首先需要显示隐藏的图层，保持所有图层的可见性，然后按快捷键 Ctrl+Alt+Shift+E 即可完成操作，如图 3-9 所示。

图 3-7　拼合图像

提 示

当选中一个图层时，按快捷键 Ctrl+Alt+E 会将该图层中的图像盖印到下方图层中，而上面图层的内容保持不变。

图 3-8　盖印图层

图 3-9　盖印所有可见图层

3.3　灵活运用图层组

使用图层组可以方便地对大量的图层进行统一的编辑与管理，可以像文件夹一样将所有的图层装载进去，即将多个图层归为一个组。

3.3.1　创建图层组

图层组的创建是为了更好地管理图层，使用图层组功能可以很容易地将图层作为一组来进行移动，比链接图层更方便、快捷。

单击【图层】面板底部的【创建新组】按钮 ▢，即可创建一个图层组。然后再创建图层时，就会在图层组中创建，如图 3-10 所示。

如果选中多个图层，执行【图层】|【从图层新建组】命令（快捷键 Ctrl+G），可以将选中的图层放置在新建图层组中，如图 3-11 所示。

图 3-10 创建图层组

图 3-11 为现有图层创建图层组

在 Photoshop 中,可以将当前的图层组嵌套在其他图层组内,这种嵌套结构最多可以分为 10 级,如图 3-12 所示。方法是,只要在图层组中选中图层,按快捷键 Ctrl+G 即可创建嵌套图层组。

3.3.2 编辑图层组

图层组不但可以将多个图层放在一个容器内进行编辑,而且也可以像图层一样进行编辑,如调整不透明度和混合模式等操作。

设置图层组的【不透明度】选项,可以同时控制该图层组中所有图层的不透明度显示,如图 3-13 所示。

图 3-12 嵌套图层组

图层组的建立不仅能够对多个图层进行同时操作,还能够节约【图层】面板空间。只要单击图层组前的小三角图标 ,即可折叠图层组,如图 3-14 所示。

图 3-13 设置图层组不透明度

图 3-14 折叠图层组

3.4 图层搜索功能

在【图层】面板的顶部，使用新的过滤选项可快速地在复杂文档中找到关键层。显示基于类型、名称、效果、模式、属性或颜色标签的图层的子集，能够快速锁定用户所需的图层。

1．类型搜索

类型搜索中包括像素图层滤镜、调整图层滤镜、文字图层滤镜、形状图层滤镜、智能对象滤镜等功能。例如，在图层中搜索调整图层滤镜，方法是，选择【类型】选项，然后单击调整图层滤镜按钮 ⊙ 即可，如图 3-15 所示。

图 3-15 搜索调整图层

2．名称搜索

名称搜索功能其实很简单，选择【名称】选项，在其后面输入要搜索的图层的名称即可，如图 3-16 所示。

3．效果搜索

效果搜索功能，主要是搜索图层的斜面和浮雕、描边、内阴影、内发光、光泽、叠加、外发光、投影等。例如，在图层中搜索外发光，方法是，选择【效果】选项，然后在子菜单中选择【外发光】即可，如图 3-17 所示。

图 3-16 名称搜索

4．模式搜索

模式搜索其实就是搜索图层的混合模式。例如，搜索柔光模式，其方法是，选择【模式】选项，在子菜单中选择【柔光】即可，如图 3-18 所示。

图 3-17 效果搜索

5．属性搜索

属性搜索功能，主要是搜索图层可见、锁定、空、链接的、已剪切、图层蒙版、矢量蒙版、图层效果、高级混合等功能。例如，搜索锁定图层，方法是，选择【属性】选项，在子菜单中选择【锁定】即可，如图 3-19 所示。

6. 颜色搜索

颜色搜索其实是搜索图层的颜色，包括无、红色、橙色、黄色、绿色、蓝色、紫色、灰色等颜色。例如，搜索橙色，方法是，选择【颜色】选项，在子菜单中选择【橙色】即可，如图 3-20 所示。

图 3-18　模式搜索

图 3-19　属性搜索

图 3-20　颜色搜索

3.5　智能图层

智能对象是包含栅格或矢量文件（如 Photoshop 或 Illustrator 文件）中的图像数据图层，就是说在对智能对象添加了其他编辑命令后，还可以保留图像的源内容及其所有原始特性，而不会对图层内容进行破坏性的编辑。

3.5.1　非破坏性变换

在编辑位图图像时，对图像进行旋转、缩放时容易产生锯齿或图像模糊等。如果在进行这些操作之前，将图像创建为智能对象，那么就可以保持图像的原始信息。

在【图层】面板中，右击图像所在图层，选择【转换为智能对象】命令，将普通图层转换为智能图层，如图 3-21 所示。

图 3-21　转换为智能对象

这时按快捷键 Ctrl+T 进行成比例缩小后，再次显示变换控制框时，发现工具选项栏中的参数值保持变换后的参数值，如图 3-22 所示。

提　示

在对非智能对象进行变换操作时，如果多次缩放图像，则每缩放一次后，再次缩放时图像会以上一次的缩放结果为基准进行缩放；而智能对象则始终以原始图像的大小为基准，计算缩放时的比例。

双击智能图层缩览图，弹出提示对话框。单击【确定】按钮后，打开一个新文档。该文档为"飞机"的原始文件，可以看到图层中的内容保持着原始的大小，并没有发生任何变化，如图 3-23 所示。

图 3-22 缩小尺寸

图 3-23 智能对象原文件

将智能图层复制多份，并且将副本图层放置在画布左侧，然后成比例缩小排列，如图 3-24 所示。

双击"飞机"图层缩览图，在打开的文档中，通过【色相/饱和度】命令改变智能对象的颜色，如图 3-25 所示。

这时保存该文档中的图像后，返回智能对象所在文档。发现源智能对象更改后，所有的智能对象副本均得到了更新，如图 3-26 所示。

图 3-24 复制智能对象

图 3-25 改变智能对象颜色

图 3-26 自动更新

3.5.2 替换智能对象

Photoshop 中的智能对象具有很大的灵活性，将图层转换为智能对象时，可以执行【图层】|【智能对象】|【替换内容】命令，在弹出的【置入】对话框选择将要替换的图像文件，如图 3-27 所示。

这时，用新的图片替代源图片，即可更换智能对象，如图 3-28 所示。在替换智能对象内容时，其链接的副本智能图层中的内容同时被替换。

图 3-27 【置入】对话框

图 3-28 替换对象

3.6 课堂练习：马赛克字母效果

本实例制作的是马赛克字母效果，如图 3-29 所示。在制作过程中，主要通过复制图层与分布链接图层来制作等距离的方格，而【色板】面板中的色块则用来为每一个方格填充不同的颜色。

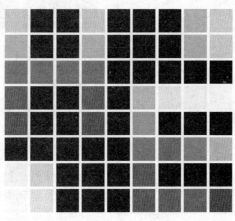

图 3-29 马赛克字母效果

操作步骤：

1. 按快捷键 Ctrl+N，创建 500 像素×400 像素的空白画布。单击【图层】面板底部的【新建图层】按钮 ，创建空白图层。选择工具箱中的【矩形选框工具】 ，在工具选项栏中设置【样式】为【固定大小】，【宽度】与【高度】均为 50 像素，在画布左上角区域单击建立正方形选区，并且填充为【黑色】，如图 3-30 所示。

图 3-30　建立文档与选区

2. 按快捷键 Ctrl+D 取消选区后，连续按快捷键 Ctrl+J 复制 8 个图层。然后将最上方的黑色方格水平移动至画布的最右上角，如图 3-31 所示。

图 3-31　复制图层

3. 同时选中"背景"图层以外的所有图层，单击【图层】面板底部的【链接图层】按钮 。单击工具选项栏中的【水平居中分布】按钮

，平均分布链接的图层对象，如图 3-32 所示。

图 3-32　平均分布

4. 将选中的链接图层，拖至【图层】面板底部的【新建图层】按钮 进行复制。然后垂直向下移动，使其间距与水平间距相等。依此类推，使黑色方格显示在整个画布中，如图 3-33 所示。

图 3-33　复制并移动

技　巧

在移动图像时，按住 Shift 键同时按方向键，能够以 10 像素为单位进行移动。而在图 3-33 中，行间距与列间距均为 5 像素。

5. 执行【图像】|【显示全部】命令，扩展画布完全显示黑色方格。打开【色板】面板，单击"蜡笔红"色块，设置工具箱中的【前景色】为该颜色。右击画布左上角"黑色"

方格，选择该图像所在图层。按住 Ctrl 键，单击该图层的缩览图载入选区，按组合键 Alt+Delete 进行填充，如图 3-34 所示。

图 3-34 填充现有颜色

6 在【色板】面板中单击下一个"浅红"色块，设置为前景色。在画布中，右击左上角向下第二个方格，选择图像所在图层后，按住 Ctrl 键单击该图层缩览图载入选区。按组合键 Alt+Delete 进行填充，如图 3-35 所示。

图 3-35 载入选区并填充

7 按照上述方法，在画布中依次向下载入选区，并且填充【色板】面板中的现有颜色，形成色块渐变效果，如图 3-36 所示。

图 3-36 载入选区并填充

8 右击第 3 行第 2 列方格图像，并且选择所在图层。载入该图层选区后，填充同行方格颜色。依此类推，填充同行方格相同颜色。然后按照左侧方格颜色，填充右侧相应的方格，如图 3-37 所示。

图 3-37 填充方格颜色

提 示

在选择颜色进行填充时，要尽量选择同色系的颜色进行填充，这样能够形成色块渐变效果。而为了使画面效果更加和谐，这里依次使用了红、黄、绿、蓝色系进行填充。

9 右击右侧第 4 行第 1 个方格，选择所在图层。载入选区后填充【色板】面板中的"蜡笔黄"颜色。然后依次向左填充【色板】面板"蜡笔黄"颜色下方的颜色，如图 3-38 所示。

图 3-38 填充黄色系颜色

10 使用上述方法，垂直向下选中方格所在图层，并且载入选区，填充【色板】面板中的绿色系颜色，如图 3-39 所示。

图 3-39　填充绿色系颜色

11 依次类推，水平向左选中方格所在图层，并载入选区。填充【色板】面板中的蓝色系颜色，如图 3-40 所示。

图 3-40　填充蓝色系颜色

12 在半封闭式区域中由左至右选中方格所在图层，并载入选区。填充【色板】面板中的草绿色系颜色，如图 3-41 所示。

图 3-41　填充草绿色系颜色

13 使用上述方法，选择【色板】面板中的两种色系。分别在画布左下角与右上角区域，填充 4 个方格，形成渐变色块，完成最终制作，如图 3-42 所示。

图 3-42　填充渐变色块

3.7　课堂练习：制作口红广告

在一些化妆品广告中，往往通过载入一些相关图片，来突出主题。例如，口红广告中通过载入一张嘴唇带有口红的美女，来更好地突出口红。在 Photoshop 中，将图层转换为智能对象，通过复制图像变换操作，将口红图像在广告中成"扇形"有序地排列出来，加上简洁的文字概括产品内容，来构成一个完整的口红广告，如图 3-43 所示。

图 3-43　口红广告效果

操作步骤:

1 分别打开"背景素材"图片和 PSD 格式的"美女"素材文档。选中"美女"素材文档，选择【移动工具】 ⊕。将美女图像拖至"渐变背景"图片文档中，并命名图层为"美女"图层，如图 3-44 所示。

图 3-44　导入素材

2 打开 PSD 格式的"口红"素材文档，将口红图像拖至"背景素材"素材文档中，命名图层为"口红"图层。在图层上右击，执行【转换为智能对象】命令，将该图层转换为智能对象，如图 3-45 所示。

图 3-45　转换智能对象

3 按快捷键 Ctrl+T，调整图像的大小，并对图像进行旋转，完成后按 Enter 键，如图 3-46 所示。

4 复制该图层，自动命名图层为"口红副本"图层。按快捷键 Ctrl+T，将中心点移动到口红图像底部，对副本图像进行旋转操作，如图 3-47 所示。

图 3-46　调整图像

图 3-47　复制并旋转

5 按快捷键 Ctrl+Alt+Shift+T 3 次，复制并重复 3 次上次变形操作，复制的图层会自动命名，如图 3-48 所示。

图 3-48　复制图层

6 双击"口红"图层缩览图，弹出更改文件提示对话框，单击【确定】按钮，自动打开"口红"源文件文档。执行【图像】|【调整】|【亮度/对比度】命令，调整口红图像亮度，如图 3-49 所示。

图 3-49 载入选区并填充

图 3-50 调整颜色

7 执行【图像】|【调整】|【可先颜色】命令，调整口红图像颜色。关闭该文档，弹出是否保存文件提示对话框，单击【是】按钮，如图 3-50 所示。

8 打开"文字"PSD 格式素材，将文字移入"背景素材"图片文档中，放置在合适的位置，完成最终效果，如图 3-51 所示。

图 3-51 导入文字

3.8 思考与练习

一．填空题

1.【＿＿＿＿＿】面板是图层操作必不可少的工具，主要是用于显示当前图像的图层信息。

2. 如果要采用对齐链接图层，首先要建立＿＿＿＿＿或者以上的图层链接；如果要采用分布链接图层，则要建立＿＿＿＿＿或者以上的图层链接。

3. 要禁止在画布透明区域绘制与编辑时，可以单击【图层】面板中的＿＿＿＿＿按钮。

4. 盖印可见图层的快捷键是＿＿＿＿＿。

5. ＿＿＿＿＿在进行变换后还可以保持原图像信息。

二．选择题

1. 当图层中出现图标 ⇔ 时，表示该图层＿＿＿＿＿。

    A．与上一图层链接

    B．与下一图层编组

    C．已被锁定

    D．以上都不对

2. 要将当前图层与下一图层合并，可以按下快捷键＿＿＿＿＿。

    A．Ctrl+E

    B．Ctrl+F

    C．Ctrl+D

    D．Ctrl+G

3. 双击"背景"以外的图层，能够打开＿＿＿＿＿对话框。

    A．图层样式

    B．图层属性

    C．面板选项

    D．图层组属性

4. 与【通过复制的图层】命令相对应的快捷键是＿＿＿＿＿。

    A．Ctrl+Shift+I

    B．Ctrl+Shift+J

    C．Ctrl+I

    D．Ctrl+J

5. 与【通过剪切的图层】命令相对应的快

捷键是_____。

    A．Ctrl+Shift+I

    B．Ctrl+Shift+J

    C．Ctrl+I

    D．Ctrl+J

三．问答题

1．向下移动图层的快捷键是什么？

2．如何为现有的图层创建图层组？

3．盖印图层功能包括几种情况，分别是什么？

4．如何将普通图像转换为智能对象？

5．什么是中性色图层？

四、上机练习

1．任意放大与缩小对象

在 Photoshop 中，对图像进行缩小后再放大，即使放大为原尺寸，也会使图像变得不清晰。要想在保持图像清晰度的情况下，任意缩小与放大对象，可以在变换之前，将对象转换为智能对象，如图 3-52 所示。

    图 3-52   转换为智能对象

2．总体不透明度与内部不透明度

【总体不透明度】选项是用来控制图层中所有图像，或者图像所添加的效果的总体不透明度效果，而【内部不透明度】选项只是用来设置填充像素的不透明度效果，而不影响已应用于图层的任何图层效果的不透明度，如图 3-53 所示。

    图 3-53   透明效果

第4章

图层特效应用

　　Photoshop 中的图层不仅包括组合、排列等基本功能，还包含用于制作特效的图层样式与用于融合不同图像的混合模式功能。前者是为图像、文字或是图形添加如阴影、发光、浮雕等效果；后者则是在两个图层上的图像，通过各自的红、绿、蓝通道进行"混合"。

　　在本章中，主要讲解图层混合模式与图层样式的设置与添加方法，前者不仅应用到图层中，还应用到填充、画笔与通道中；后者则能够为图像添加不同的特效效果。

本章学习要点：

➤ 混合模式原理
➤ 各种混合模式组
➤ 各种图层样式
➤ 应用图层样式

4.1 图层混合模式

在 Photoshop 中的各个角落，都可以看到【混合模式】选项的身影。混合模式其实是像素之间的混合，像素值发生改变，从而呈现不同颜色的外观。

基色是做混合之前位于原处的色彩或图像；混合色是被溶解于基色或是图像之上的色彩或图像；结果色是混合后得到的颜色。

例如，画家在画布上面绘画，那么画布的颜色就是基色。画家使用画笔在颜料盒中选取一种颜色在画布上涂抹，这个被选取的颜色就是混合色。被选取颜色涂抹的区域所产生的颜色为结果色，如图 4-1 所示。

图 4-1　基色、混合色与结果色

当画家再次选择一种颜色涂抹时，画布上现有的颜色也就成为基色。而在颜料盒中选取的颜色为混合色，再次在画布上涂抹，它们一起生成了新的颜色，这个颜色为结果色，如图 4-2 所示。

【混合模式】在图像处理中主要用于调整颜色和混合图像。使用【混合模式】进行颜色调整时，会利用源图层副本与源图层进行混合，从而达到调整图像颜色的目的。在编辑过程中会出现三种不同类型的图层，即同源图层、异源图层和灰色图层。

图 4-2　新基色、新混合色与新结果色

❏ **同源图层**　"背景副本"图层是由"背景"图层复制而来，两个图层完全相同，那么"背景副本"图层称为"背景"图层的同源图层。

❏ **异源图层**　"图层 1"是从外面拖入的一个图层，并不是通过复制"背景"图层而得到的，那么"图层1"称为"背景"图层的异源图层。

❏ **灰色图层**　"图层 2"是通过添加滤镜得到的，这种整个图层只有一种颜色值的图层通常称为灰色图层。最典型的灰色图层是 50%中性灰图层。灰色图层既可以由同源图层生成，也可以由异源图层得到，因此，既可以用于图像的色彩调整，也可以进行特殊的图像拼合。

4.1.1　组合模式组

组合模式主要包括【正常】和【溶解】选项，【正常】模式和【溶解】模式的效果都不依赖于其他图层；【溶解】模式出现的噪点效果是它本身形成的，与其他图层无关。

1.【正常】模式

　　【正常】混合模式的实质是用混合色的像素完全替换基色的像素，使其直接成为结果色。在实际应用中，通常是用一个图层的一部分去遮盖其下面的图层。【正常】模式也是每个图层的默认模式，如图 4-3 所示。

基色　　　　　　　　　　　　混合色　　　　　　　　　　　　结果色

　　图 4-3　【正常】模式

2.【溶解】模式

　　【溶解】混合模式的作用原理是同底层的原始颜色交替以创建一种类似扩散抖动的效果，这种效果是随机生成的。混合的效果与图层【不透明度】选项有很大关系，通常在【溶解】模式中采用颜色或图像样本的【不透明度】参数值越低，颜色或图像样本同原始图像像素抖动的频率就越高，如图 4-4 所示。

不透明度为80%　　　　　　　不透明度为50%　　　　　　　不透明度为20%

　　图 4-4　【溶解】模式

4.1.2　加深模式组

　　加深模式组的效果是使图像变暗，两张图像叠加，选择图像中最黑的颜色在结果色中显示。在该模式中，主要包括【变暗】模式、【正片叠底】模式、【颜色加深】模式、【线性加深】模式和【深色】模式。

1.【变暗】模式

【变暗】混合模式通过比较上下层像素后，取相对较暗的像素作为输出。每个不同颜色通道的像素都会独立地进行比较，色彩值相对较小的作为输出结果，下层表示叠放次序位于下面的那个图层，上层表示叠放次序位于上面的那个图层，如图 4-5 所示。

图 4-5 【变暗】模式

2.【正片叠底】模式

【正片叠底】混合模式的原理是查看每个通道中的颜色信息，并将基色与混合色复合，结果色总是较暗的颜色。任何颜色与白色混合保持不变，当用黑色或白色以外的颜色绘画时，绘画工具绘制的连续描边产生逐渐变暗的颜色，如图 4-6 所示。

> **提 示**
>
> 【正片叠底】模式与【变暗】模式不同的是，前者通常在加深图像时颜色过渡效果比较柔和，这有利于保留原有的轮廓和阴影。

图 4-6 【正片叠底】模式

3.【颜色加深】模式

【颜色加深】混合模式是通过查看每个通道中的颜色信息，并通过增加对比度使基色变暗以反映混合色、与白色混合后不产生变化，【颜色加深】模式对当前图层中的颜色减少亮度值，这样就可以产生更明显的颜色变换，如图 4-7 所示。

4.【线性加深】模式

【线性加深】混合模式能够查看颜色通道信息，并通过减小亮度使基色变暗以反映混合色，与白色混合时不产生变化，如图 4-8 所示。

图 4-7 【颜色加深】模式

此模式对当前图层中的颜色减少亮度值，这样就可以产生更明显的颜色变换。它与【颜色加深】模式不同的是，【颜色加深】模式产生鲜艳的效果，而【线性加深】模式产生更平缓的效果。

5.【深色】模式

　　【深色】混合模式的原理是查看红、绿、蓝通道中的颜色信息，比较混合色和基色的所有通道值的总和，并显示色值较小的颜色。【深色】模式不会生成第三种颜色，因为它将从基色和混合色中选择最小的通道值来创建结果颜色，如图4-9所示。

　　图 4-8　　【线性加深】模式　　　　　　　　　　图 4-9　　【深色】模式

4.1.3　减淡模式组

　　减淡模式与加深模式是相对应的。使用减淡模式时，黑色完全消失，任何比黑色亮的区域都可能加亮下面的图像。该类型的模式主要包括【变亮】模式、【滤色】模式、【颜色减淡】模式、【线性减淡】模式和【浅色】模式。

1.【变亮】模式

　　【变亮】混合模式是通过查看每个通道中的颜色信息，并选择基色或混合色中较亮的颜色作为结果色。比混合色暗的像素被替换，比混合色亮的像素保持不变，如图4-10所示。

　　图 4-10　　【变亮】模式

> **注　意**
>
> 【变亮】模式对应着【变暗】模式。在【变暗】模式下，较亮的颜色区域在最终的结果色中占主要地位。

2.【滤色】模式

　　【滤色】混合模式的原理是查看每个通道的颜色信息，并将混合色与基色复合，结果色总是较亮的颜色。用黑色过滤时颜色保持不变；用白色过滤将产生白色。就像是两台投影机打在同一个屏幕上，这样两个图像在屏幕上重叠起来结果得到一个更亮的图像，如图 4-11 所示。

3.【颜色减淡】模式

【颜色减淡】混合模式是通过查看每个通道
中的颜色信息，并通过增加对比度使基色变亮
以反映混合色，与黑色混合则不发生变化，如
图 4-12 所示。

4.【线性减淡】模式

【线性减淡】混合模式的工作原理是查看每
个通道的颜色信息，并通过增加亮度使基色变
亮以反映混合色。同时，与黑色混合不发生变
化，如图 4-13 所示。

图 4-11　【滤色】模式

技 巧

> 【线性减淡】和【颜色减淡】模式都可以提高图层颜
> 色的亮度，【颜色减淡】产生更鲜明、更粗糙的效果；
> 而【线性减淡】产生更平缓的过渡。因为它们使图像
> 中的大部分区域变白，所以减淡模式非常适合模仿聚
> 光灯或其他非常亮的效果。

5.【浅色】模式

选择【浅色】混合模式以后，分别检测红、

图 4-12　【颜色减淡】模式

绿、蓝通道中的颜色信息，比较混合色和基色的所有通道值的总和并显示值较大的颜色，
如图 4-14 所示。【浅色】模式不会生成第三种颜色，因为它将从基色和混合色中选择最
大的通道值来创建结果颜色。

图 4-13　【线性减淡】模式

图 4-14　【浅色】模式

4.1.4　对比模式组

对比模式组综合了加深和减淡模式的特点，在进行混合时，50%的灰色会完全消失，

任何高于 50%灰色的区域都可能加亮下面的图像；而低于 50%灰色的区域都可能使底层图像变暗，从而增加图像的对比度。

该类型模式主要包括【叠加】模式、【柔光】模式、【强光】模式、【亮光】模式、【线性光】模式、【点光】模式和【实色混合】模式。

1.【叠加】模式

【叠加】混合模式是对颜色进行正片叠底或过滤，具体取决于基色。图案或颜色在现有像素上叠加，同时保留基色的明暗对比。不替换基色，但基色与混合色互相混合以反映颜色的亮度或暗度，如图 4-15 所示。

图 4-15   【叠加】模式

2.【柔光】模式

【柔光】混合模式会产生一种柔光照射的效果，此效果与发散的聚光灯照在图像上相似。如果"混合色"颜色比"基色"颜色的像素更亮一些，那么"结果色"将更亮；如果"混合色"颜色比"基色"颜色的像素更暗一些，那么"结果色"颜色将更暗，使图像的亮度反差增大，如图 4-16 所示。

图 4-16   【柔光】模式

> **提　示**
>
> 【柔光】模式是由混合色控制基色的混合方式，这一点与【强光】模式相同，但是混合后的图像却更加接近【叠加】模式的效果。因此，从某种意义上来说，【柔光】模式似乎是一个综合了【叠加】和【强光】两种模式特点的混合模式。

3.【强光】模式

【强光】混合模式的作用原理是复合或过滤颜色，具体取决混合色。此效果与耀眼的聚光灯照在图像上相似，如图 4-17 所示。

4.【亮光】模式

【亮光】混合模式是通过增加或减小对比度来加深或减淡颜色，具体取决于混合色。如果

图 4-17   【强光】模式

混合色（光源）比 50%灰色亮，则通过减小对比度使图像变亮；如果混合色比 50%灰色暗，则通过增加对比度使图像变暗，如图 4-18 所示。

【亮光】模式是叠加模式组中对颜色饱和度影响最大
的一个混合模式。混合色图层上的像素色阶越接近高
光和暗调,反映在混合后的图像上的对应区域反差就
越大。利用【亮光】模式的特点,用户可以给图像的
特定区域增加非常艳丽的颜色。

5.【线性光】模式

【线性光】混合模式是通过减小或增加亮度
来加深或减淡颜色,具体取决于混合色。如果
混合色(光源)比 50%灰色亮,则通过增加亮
度使图像变亮。如果混合色比 50%灰色暗,则
通过减小亮度使图像变暗,如图 4-19 所示。

图 4-18　【亮光】模式

6.【点光】模式

【点光】混合模式的原理是根据混合色替换
颜色,具体取决于混合色。如果混合色(光源)
比 50%灰色亮,则替换比混合色暗的像素,而
不改变比混合色亮的像素。如果混合色比 50%
灰色暗,则替换比混合色亮的像素,而比混合
色暗的像素保持不变,如图 4-20 所示。

图 4-19　【线性光】模式

7.【实色混合】模式

【实色混合】混合模式是将混合颜色的红色、绿色和蓝色通道值添加到基色的 RGB
值。如果通道的结果总和大于或等于 255,则值为 255;如果小于 255,则值为 0。因此,
所有混合像素的红色、绿色和蓝色通道值要么是 0,要么是 255。这会将所有像素更改为
原色:红色、绿色、蓝色、青色、黄色、洋红、白色或黑色,如图 4-21 所示。

图 4-20　【点光】模式

图 4-21　【实色混合】模式

【实色混合】模式的实质是将图像的颜色通道由灰色图像转换为黑白位图。

4.1.5 比较模式组

比较模式组主要是【差值】模式和【排除】模式。这两种模式彼此很相似，它们将上层和下面的图像进行比较，寻找二者中完全相同的区域。使相同的区域显示为黑色，而所有不相同的区域则显示为灰度层次或彩色。

在最终结果中，越接近于黑色的不相同区域，它就与下面的图像越相似。在这些模式中，上层的白色会使下面图像上显示的内容反相，而上层中的黑色则不会改变下面的图像。

1.【差值】模式

【差值】混合模式通过查看每个通道中的颜色信息，并从基色中减去混合色，或从混合色中减去基色，具体取决于哪一个颜色的亮度值更大。与白色混合将反转基色值；与黑色混合则不产生变化，如图 4-22 所示。

2.【排除】模式

【排除】混合模式主要用于创建一种与【差值】模式相似，但对比度更低的效果。与白色混合将反转基色值；与黑色混合则不发生变化。

这种模式通常使用频率不是很高，不过通过该模式能够得到梦幻般的怀旧效果。这种模式产生一种比【差值】模式更柔和、更明亮的效果，如图 4-23 所示。

3.【减去】与【分划】模式

【减去】模式通过查看每个通道中的颜色信息，并从基色中减去混合色，如图 4-24 所示。在 8 位和 16 位图像中，任何生成的负片值都会剪切为零。

【划分】模式是通过查看每个通道中的颜色信息，并从基色中分割混合色，如图 4-25 所示。

图 4-22 【差值】模式

图 4-23 【排除】模式

图 4-24 【减去】模式

4.1.6 色彩模式组

色彩模式组主要包括【色相】模式、【饱和度】模式、【颜色】模式和【明度】模式。这些模式在混合时，与色相、饱和度和亮度有密切关系。将上面图层中的一种或两种特性应用到下面的图像中，产生最终效果。

1.【色相】模式

【色相】混合模式原理是用基色的明亮度和饱和度以及混合色的色相创建结果色，如图4-26所示。

2.【饱和度】模式

【饱和度】混合模式是用基色的明亮度和色相，以及混合色的饱和度创建结果色，如图4-27所示。绘画在无饱和度（灰色）的区域上，使用此模式绘画不会发生任何变化。饱和度决定图像显示出多少色彩。如果没有饱和度，就不会存在任何颜色，只会留下灰色。饱和度越高，区域内的颜色就越鲜艳。当所有对象都饱和时，最终得到的几乎就是荧光色了。

3.【颜色】模式

图 4-25　【划分】模式

图 4-26　【色相】模式

【颜色】混合模式是用基色的明亮度，以及混合色的色相和饱和度创建结果色。这样可以保留图像中的灰阶，并且对于给单色图像上色和给彩色图像着色都会非常有用，如图4-28所示。

图 4-27　【饱和度】模式

图 4-28　【颜色】模式

【颜色】模式能够使灰色图像的阴影或轮廓透过着色的颜色显示出来,产生某种色彩化的效果。这样可以保留图像中的灰阶,并且对于给单色图像上色和给彩色图像着色都会非常有用。使用【颜色】模式为单色图像着色,能够使其呈现怀旧感,如图 4-29所示。

4.【明度】模式

【明度】混合模式是用基色的色相和饱和度,以及混合色的明亮度创建结果色。此模式创建与【颜色】模式相反的效果。这种模式可将图像的亮度信息应用到下面图像中的颜色上。它不能改变颜色,也不能改变颜色的饱和度,而只能改变下面图像的亮度,如图 4-30 所示。

图 4-29 单色效果

4.2 图层样式

Photoshop 提供了 10 种可供选择的样式,通过这些样式可以为图像添加一种或多种效果。图层样式类似于模板,可以重复使用,也可以像操作图层一样对其进行调整、复制、删除等操作。

因此,掌握图层样式的应用技巧,将会给用户的设计创作带来很大的方便和灵活性,也可以大大提高设计创作的工作效率。

图 4-30 【明度】模式

4.2.1 混合选项

混合选项也是图层样式的组成部分,通过调整它里面的选项,可以将独立不同图层混合制造出特定效果。双击图层,打开【图层样式】对话框后,显示的是【混合选项】的参数设置区域。其中,【常规混合】选项组包括了【混合模式】和【不透明度】两项,这两项是调节图层最常用到的,也是最基本的图层选项,与【图层】面板中的选项相同。

选择除"背景"图层以外的任意图层,执行【图层】|【图层样式】|【混合选项】命令,打开【图层样式】对话框,如图 4-31 所示。

1．填充不透明度

在【高级混合】选项组中，【填充不透明度】选项只影响图层中绘制的像素或形状，对图层样式和混合模式不起作用。使用【填充不透明度】可以在隐藏图像的同时依然显示图层效果，这样可以创建出隐形的投影或透明浮雕效果，如图4-32所示。

2．通道

【通道】选项用于在混合图层或图层组时，将混合效果限制在指定的通道内，未被选择的通道被排除在混合之外。例如，白色的鸽子图层与黑色背景图层的混合效果，每禁用一个通道，都会生成其颜色的相反色调，如图4-33所示。

○ 图 4-31　【图层样式】对话框

填充不透明度100%　　填充不透明度50%　　填充不透明度10%　　填充不透明度0%

○ 图 4-32　【填充不透明度】选项设置

启用所有通道　　　禁用红色通道　　　禁用绿色通道　　　禁用蓝色通道

○ 图 4-33　【通道】选项设置

3．挖空

【挖空】选项决定了目标图层及其图层效果是如何穿透图层或图层组，以显示其下面图层的。在【挖空】下拉列表中包括【无】、【浅】和【深】三种方式，分别用来设置当前层挖空并显示下面层内容的方式。

下面通过一个实例，来演示各种方式的功能及可以表现的效果。在【图层】面板中将"图层1"的【不透明度】设为100%，【填充】不透明度设为0%，并且绘制"紫红色"的蝴蝶图形。然后在"图层 1"下面新建"图层 2",并填充任意图案。接着将"图层 1"和"图层 2"进行编组为"组 1"。最后在"背景"层上新建"图层 3",并填充"绿色",如图4-34 所示。

接下来,打开"图层 1"的混合选项,通过设置不同的挖空方式,以观察其效果,如图4-35 所示。其中,如果没有背景层,那么挖空则一直到透明区域。另外,如果希望创建挖空

图 4-34 建立图层

效果的话,需要降低图层的填充不透明度,或是改变混合模式,否则图层挖空效果不可见。

【挖空】为【无】

【挖空】为【浅】

【挖空】为【深】

图 4-35 【挖空】选项设置

4. 混合颜色带

Photoshop 中混合颜色带的作用与通道的作用相同,它们都是通过选取图像的像素来达到控制图像显示或隐藏的目的。所不同的是,使用混合颜色带,用户拖动哪个滑条的滑块,实际上就是对滑条所代表图层的某个通道做某些修改。然后以这个被改变的通道为蒙版,控制图层的不透明度,以此进行图层混合。如果说图层混合模式是从纵向上控制图层与下面图层的混合方式,那么混合颜色带就是从横向上控制图层相互影响的方式。

在【混合颜色带】选项中,有上下两个滑条。通过这两个滑条不但可以控制本图层的像素显示,还可以控制下一图层的显示。例如,将两幅图像放置在一个文档中,如图 4-36所示。

双击"图层 1",打开【图层样式】对话框。在【混合颜色带】的下拉列表中,选择【灰色】通道。将白色滑块向左拖动,隐藏该图层中的高光图像;将黑色滑块向右拖动,隐藏该图层中的阴影图像,如图4-37 所示。

图 4-36 图像图层

图 4-37 设置【本图层】选项

采用同样的方法，拖动下一图层的滑块，可以按照下方图层中的明暗关系隐藏当前图层，从而将下面图层中的像素显示出来，如图 4-38 所示。

图 4-38 设置【下一图层】选项

有些时候，为了保证在混合区域和非混合区域之间产生平滑的过渡，可以采用部分混合的方法。要定义部分混合像素的范围，可以按住 Alt 键并拖移三角形滑块的一半。这样混合的效果就不会过于生硬，如图 4-39 所示。

4.2.2 阴影与光样式

利用【投影】和【内阴影】样式，可以制作出物体逼真的阴影效果，并且还可以对阴影的颜色、大小及清晰度进行精确的控制，从而使物体富有空间感。而【外发光】和【内发光】是两个模仿发光效果的图层样式，它可在图像外侧或内侧添加单色或渐变发光效果。

图 4-39 设置柔滑效果

1.【投影】样式

为图像添加投影样式，能够使图像具有层次感。在【图层样式】对话框中，启用【投

影】选项，可以在图层内容的后面添
加阴影。该选项中的各个参数的作用
如下。

- ❑ **混合模式** 用来确定图层样
  式与下一图层的混合方式，可
  以包括也可以不包括现有
  图层。
- ❑ **角度** 用于确定效果应用于
  图层时所采用的光照角度，如
  图 4-40 所示。
- ❑ **距离** 用来指定偏移的距离，
  如图 4-41 所示。
- ❑ **扩展** 用来扩大杂边边界，可
  以得到较硬的效果，如图 4-42
  所示。

图 4-40　不同角度设置

图 4-41　设置【距离】选项

图 4-42　设置【扩展】选项

- ❑ **大小** 指定模糊的数量或暗调大小，如
  图 4-43 所示。
- ❑ **消除锯齿** 用于混合等高线或光泽等
  高线的边缘像素。对尺寸小且具有复杂
  等高线的阴影最有用。
- ❑ **杂色** 由于投影效果都是由一些平滑
  的渐变构成的，在有些场合可能产生莫
  尔条纹，添加杂色就可以消除这种现
  象。它的作用和【杂色】滤镜是相同的，
  如图 4-44 所示。

图 4-43　设置【大小】选项

- ❑ **图层挖空投影** 这是和图层填充选项
  有关系的一个选项。当将填充不透明度
  设为 0% 时，启用该选项，图层内容下
  的区域是透明的；禁用该选项，图层内
  容下的区域是被填充的。

图 4-44　设置【杂色】选项

- ❑ **使用全局光** 启用该选项可以在图像上呈现一致的光源照明外观。

2.【内阴影】样式

【内阴影】样式用于紧靠图层内容的边缘内添加阴影，使图层具有凹陷外观。该样式的参数与设置方法同【投影】样式相同。

在设置【内阴影】样式时，例如增加【杂色】选项的参数，可创建出模仿点绘效果的图像，如图4-45所示。

图4-45　内阴影效果

3.【外发光】样式

【外发光】样式就是让物体边缘出现光晕效果，从而使该物体更加鲜亮、更加吸引浏览者的目光。启用【图层样式】对话框中的【外发光】选项，右侧显示相应的参数，如图4-46所示。

在设置外发光时，背景的颜色尽量选择深色图像，以便于显示出设置的发光效果。其中，通过设置发光的方式，可以为图像添加单色或是渐变发光效果，如图4-47所示。

单击【等高线】下拉列表，从弹出的列表中可选择不同的选项，以获得效果更为丰富的发光样式，如图4-48所示。

图4-46　【外发光】样式选项

技 巧

等高线决定了物体特有的材质，物体哪里应该凹陷，哪里应该凸起可以由等高线来控制，而利用图层样式的好处就在于可以随意控制等高线，以控制图像侧面的光线变化。

图4-47　渐变外发光

4.【内发光】样式

【内发光】选项设置与【外发光】选项设置基本相同，【内发光】样式多了针对发光源的选择。例如，一种是由图像内部向边缘发光；一种是由图像边缘向图像内部发光，如图4-49所示。内发光效果的强弱也可以通过调节【不透明度】选项来实现。因为【不透明度】默认参数值为75%，所以其效果并不是最强的。

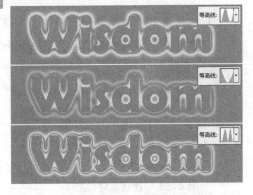

图4-48　设置【等高线】选项

第4章 图层特效应用

4.2.3 斜面和浮雕

使用【斜面和浮雕】样式可以为图像和文字制作出真实的立体效果。通过更改众多选项，可以控制浮雕样式的强弱、大小、明暗变化等效果，以设置出不同效果的浮雕样式。

1. 样式

【样式】是【斜面和浮雕】样式的第一个选项，其中包括 5 种样式。

❑ **外斜面**　在图像外边缘创建斜面效果，如图 4-50 所示。

❑ **内斜面**　在图像内边缘上创建斜面效果，如图 4-51 所示。

❑ **浮雕效果**　创建使图像相对于下层图像凸出的效果，如图 4-52 所示。

❑ **枕状浮雕**　创建将图像边缘凹陷进入下层图层中的效果，如图 4-53 所示。

图 4-49　设置内发光位置

图 4-50　外斜面效果

图 4-51　内斜面效果

图 4-52　浮雕效果

❑ **描边浮雕**　在图层描边效果的边界上创建浮雕效果（只有添加了描边样式的图像才能看到描边浮雕效果），如图 4-54 所示。

图 4-53　枕状浮雕效果

图 4-54　描边浮雕效果

2．方法

【斜面和浮雕】样式中的【方法】选项，可以控制浮雕效果的强弱。其中包括三个级别。

- ❑ **平滑** 可稍微模糊杂边的边缘，用于所有类型的杂边，不保留大尺寸的细节特写。
- ❑ **雕刻清晰** 主要用于消除锯齿形状（如文字）的硬边杂边，保留细节特写的能力优于【平滑】选项，如图 4-55 所示。

 图 4-55 雕刻清晰效果

- ❑ **雕刻柔和** 没有【雕刻清晰】描写细节的能力精确，主要应用于较大范围的杂边，如图 4-56 所示。

3．光泽等高线

【光泽等高线】选项能够创建有光泽的金属外观。该效果是在为斜面或浮雕加上阴影效果后应用的。

图 4-56 雕刻柔和效果

单击【等高线】下拉列表，从弹出的列表中可选择不同的选项，以获得各种光泽效果，如图 4-57 所示。

4．等高线

在【斜面和浮雕】样式中，除了能够设置【光泽等高线】选项外，还可以设置【等高线】选项。前者的设置只会影响"虚拟"的高光层和阴影层；后者则为对象本身赋予条纹状效果，如图 4-58 所示。

图 4-57 设置【光泽等高线】选项

图 4-58 设置【等高线】选项

4.2.4 其他图层样式

在【图层样式】对话框中，还能够为图像进行单色、渐变颜色、图案的填充样式，以及描边样式。这些样式效果在工具与命令中同样能够实现，只是后者的效果设置是一次性的，不能够进行参数修改，而前者不仅能够重复修改参数，还可以保留原图像。

1. 颜色叠加样式

【颜色叠加】是一个既简单又实用的样式，其作用实际上相当于为图像着色。只要启用【颜色叠加】选项，即可为图像填充默认的红色，如图4-59所示。

在该样式中，可以设置叠加的颜色、颜色混合模式以及不透明度，从而改变叠加色彩的效果，如图4-60所示。

○ 图4-59　默认颜色叠加效果

> **技巧**
>
> 【颜色叠加】图层样式中颜色的更换，只要单击色块，即可打开【选取叠加颜色】拾色器，来确定颜色。

2. 渐变叠加样式

【渐变叠加】与【颜色叠加】样式的原理完全一样，只不过覆盖图像的颜色是渐变而不是单色。在前者参数中，还可以改变渐变样式以及角度，如图4-61所示。

在【图层样式】对话框打开的同时，在画布中单击并拖动光标，即可改变渐变颜色的显示位置；如果要设置渐变颜色的显示效果，可以设置【缩放】参数值，如图4-62所示。

○ 图4-60　颜色选项效果

○ 图4-61　颜色叠加效果

○ 图4-62　拖动与缩小效果

3．图案叠加样式

使用【图案叠加】样式可在图层内容上添加各种预设或是自定的图案。在打开的图案库中，单击【图案】方块，选择要填充的图案，如图 4-63 所示。

4．描边样式

【描边】样式也是一个较为直观和常用的样式，它能够使用单色、渐变颜色和图案，如图 4-64 所示为图像进行非透明部分的边缘描边。

图 4-63　图案填充效果　　　　图 4-64　描边效果

4.3　应用图层样式

当为图层添加图层样式后，既可以修改与复制该样式，也可以缩放其效果，还可以将设置好的样式保存在【样式】面板中，方便以后重复使用。

4.3.1　应用与编辑样式

无论是在【图层样式】中，还是在【样式】面板中，均能够打开 Photoshop 的预设样式效果。只要单击面板中的样式方块，即可为图像添加固定的样式效果，如图 4-65 所示。

在【图层样式】对话框中，还可以将自己设置好的样式添加到【样式】面板中，以便以

图 4-65　应用预设图层样式

后重复使用。方法是，在【图层样式】对话框中单击【新建样式】按钮，在弹出的对话框中设置样式的名称，然后在【样式】面板中就可以查看到自定义的样式，如图 4-66 所示。

技 巧

单击【样式】面板右上角的小三角，在弹出的关联菜单中，既可以选择样式效果显示的方式，也可以载入 Photoshop 自带的样式，还可以通过【载入样式】命令，载入外部样式。

4.3.2 复制与缩放样式

图 4-66 自定义图层样式

在进行图形设计过程中，经常遇到多个图层使用同一个样式，或者需要将已经创建好的样式，从当前图层移动到另外一个图层上去。这样的操作在【图层】面板中，通过按住功能键，即可轻松完成。

当需要将样式效果从一个图层复制到另一个图层中，只需按住 Alt 键，同时拖动到另一个图层中即可，如图 4-67 所示。

图 4-67 复制图层样式

当需要将一个样式效果转移到另外一个图层中时，只需要拖动样式到另一个图层中，即可将样式转移到另一个图层中，如图 4-68 所示。

提 示

添加完成图层样式后，还可以使用相同的方法再次打开该对话框，在【图层样式】对话框中修改样式选项改变样式效果。

图 4-68 转移图层样式

在使用图层样式时，有些样式可能已针对目标分辨率和指定大小的特写进行过微调，因此，就有可能产生应用样式的结果与样本的效果不一致的现象，如图 4-69 所示。

这时就需要单独对效果进行缩放，才能得到与图像比例一致的效果。选择缩小图像所在图层，执行【图层】|【图层样式】|【缩放效果】命令。弹出【缩放图层效果】对话框，设置样式的缩放比例参数与图像缩放相同，发现样式效果与缩放前相同，如图 4-70 所示。

图 4-69　缩小图像

图 4-70　缩小样式

4.3.3　创建样式为图层

为图层内容添加了样式后，用户也可以将图层样式转换为图像图层，然后通过绘画、应用命令或滤镜来增强效果。执行【图层】|【图层样式】|【创建图层】命令，【图层】面板中显示出新创建的图层，如图 4-71 所示。

将样式创建为图层后，即可对每一层进行编辑，以创建更特殊的效果。例如在"Wisdom 的投影"图层中，执行【动感模糊】滤镜命令，即可改变整体样式效果，如图 4-72 所示。

图 4-71　创建样式图层

图 4-72　添加滤镜效果

4.4　课堂练习：提高照片亮度

照片由于光线不足，拍摄出来的照片效果不是太好，能否通过后期处理来调整拍出来的灰蒙蒙的照片？在 Photoshop 中，通过复制图层，将其副本图层【混合模式】设置为【滤色】，从而提高照片亮度，如图 4-73 所示。

图 4-73　提高照片亮度

操作步骤：

1 打开一幅光线暗淡的"风景"照片素材，按快捷键 Ctrl+J，复制"背景"图层，自动命名图层为"背景副本"图层。在【图层】面板中，将【混合模式】设置为【滤色】，如图 4-74 所示。

2 由于"风景"照片亮度还是不够，重复上次操作，按快捷键 Ctrl+J，复制"背景副本"图层，自动命名图层为"背景副本 2"图层。复制图层后，照片亮度就过高了，设置"背景副本 2"图层【不透明度】为 50%，如图 4-75 所示。

图 4-75　设置不透明度

3 打开移入"山脉风景"图片，使用【移动工具】，将该图片拖至光线暗淡的"风景"素材文档中。命名图层为"山脉"图层，并将该图层【混合模式】设置为【正片叠底】，如图 4-76 所示。

4 隐藏"山脉"图层，执行【选择】|【色彩范围】命令，打开【色彩范围】对话框。使

用【吸管工具】在蓝天处吸取颜色，设置【颜色容差】值为 68，如图 4-77 所示。

图 4-76　设置混合模式

图 4-77　执行【色彩范围】命令

5 显示"山脉"图层，按快捷键 Ctrl+Shift+I，将选区反选。按 Delete 键，删除选区后，取消选区，如图 4-78 所示。

图 4-78　删除选区

6 按快捷键 Ctrl+J，复制"山脉"图层，自动命名图层为"山脉副本"图层，设置该图层【混合模式】为【滤色】，如图 4-79 所示。

图 4-79　设置混合模式

4.5　课堂练习：制作放大镜放大效果

本例制作放大镜放大效果，在制作的过程中，通过添加【投影】、【内阴影】、【外发光】、【内发光】、【斜面和浮雕】、【颜色叠加】、【渐变叠加】、【光泽】和【描边】功能的运用，来制作逼真的放大镜镜面，如图 4-80 所示。

图 4-80　最新效果

操作步骤：

1　执行【文件】|【新建】命令，新建 1024 像素×667 像素的"放大镜效果"文档，设置背景颜色为#C9D5DF，按快捷键 Ctrl+O，打开"放大镜"图片，将其拖入"放大镜效果"文档中，如图 4-81 所示。

图 4-81　拖入素材

2　选择工具箱中的【椭圆形选框工具】，按 Shift 键绘制正圆，新建"图层 1"填充为黑色，如图 4-82 所示。

图 4-82　填充颜色

③ 将图层的【图层内部不透明度】设置为 0，执行【图层】|【图层样式】|【投影】命令，设置参数，如图 4-83 所示。

图 4-83　设置投影

④ 执行【图层】|【图层样式】|【内阴影】命令，【混合模式】设置为【亮光】，颜色为"白色"，【距离】为 2，【大小】为 7，如图 4-84 所示。

图 4-84　设置内阴影

⑤ 启用【外发光】命令，【混合模式】设置为【正片叠底】，杂色颜色为"黑色"，【大小】为 0，如图 4-85 所示。

⑥ 启用【内发光】命令，【混合模式】设置为【滤色】，【不透明度】设置为 100，杂色颜色为"白色"，【大小】为 1，如图 4-86 所示。

图 4-85　设置外发光

图 4-86　设置内发光

⑦ 启用【斜面和浮雕】命令，设置【深度】为 60，【大小】为 250，【软化】为 16，【角度】为 90，【高度】为 80，【高光模式】为【滤色】，【不透明度】为 67，【阴影模式】为【正片叠底】，【不透明度】为 22，如图 4-87 所示。

图 4-87　设置斜面和浮雕

8 双击"图层1"，弹出【图层样式】对话框，启用【斜面和浮雕】命令，选择【等高线】进行设置，如图4-88所示。

图 4-90 设置渐变叠加

图 4-88 设置等高线

9 启用【颜色叠加】命令，【混合模式】设置为【颜色加深】，【不透明度】设置为38，如图4-89所示。

图 4-91 设置光泽

图 4-89 设置颜色叠加

10 双击"图层1"，弹出【图层样式】对话框，启用【渐变叠加】命令，设置【混合模式】为【线性光】，【不透明度】为10，【样式】为【线性】，【角度】为90，【缩放】为150，如图4-90所示。

11 启用【光泽】命令，设置【混合模式】为【正片叠底】，【不透明度】为100，【角度】为0，【距离】为2，【大小】为7，如图4-91所示。

12 启用【描边】命令，设置【大小】为2，【混合模式】为【正常】，【不透明度】为33，【填充类型】为【颜色】，【颜色】为黑色，如图4-92所示。

图 4-92 设置描边

13 拖入"书"素材图片,选择"图层 2"放到最底部,然后移动"图层 1"和"放大镜"图层,放到合适的位置,如图 4-93 所示。

图 4-93　拖入素材图片

14 按快捷键 Ctrl+J,复制"图层 2"图层,按快捷键 Ctrl+T 进行自由变换,将变换中心点移动到放大镜中间位置,按住 Shift+Alt 组合键进行放大,如图 4-94 所示。

15 选择"图层 1",按 Ctrl 键选出镜面的选区,然后选择"图层 2 副本",按快捷键 Shift+Ctrl+I 进行反选,按 Delete 键进行删除,按快捷键 Ctrl+D 取消选区,完成制作,

最终效果如图 4-95 所示。

图 4-94　放大效果

图 4-95　删除效果

4.6 思考与练习

一、填空题

1. _____是做混合之前位于原处的色彩或图像;_____是被溶解于基色或是图像之上的色彩或图像;_____是混合后得到的颜色。

2. 图层混合模式主要控制上下两个图层在叠加时所显示的_____,通常设置_____的混合模式。

3. 比较模式组包括【差值】模式、【排除】模式、【_____】模式和【_____】模式。

4. 用于显示图像的阴影效果是_____。

5. 要想与缩小的图像同时缩小图层样式,需要执行_____命令。

二、选择题

1.【_____】混合模式是通过查看每个通道中的颜色信息,并选择基色或混合色中较亮的颜色作为结果色。

　　A. 溶解
　　B. 正片叠底
　　C. 变亮
　　D. 变暗

2.【_____】模式通过查看每个通道中的颜色信息,并从基色中减去混合色。

　　A. 排除
　　B. 差值
　　C. 划分
　　D. 减去

3. 当图层中出现 fx 符号,表示该图层添加了【_____】。

　　A. 填充
　　B. 图层样式
　　C. 智能
　　D. 形状

4．双击"背景"以外的图层，能够打开
【　　　　】对话框。

    A．图层样式

    B．图层属性

    C．面板选项

    D．图层组属性

5．【　　　　】是用来缩放图层样式效
果的。

    A．拷贝图层样式

    B．创建图层

    C．缩放效果

    D．全局光

三、问答题

1．简述混合模式的原理。

2．在哪些工具或对话框中能够设置混合模
式选项？

3．如何为图像添加图层样式效果？

4．在添加图层样式后，如何为样式添加其
他效果？

5．怎么才能够成比例缩放图像以及图像样
式效果？

四、上机练习

1．通过混合模式使图片更加亮丽

图片的色调改变不一定要通过色彩调整命
令，还可以通过【图层】面板中的图层【混合模
式】选项。【混合模式】列表中包括十多种混合
选项，可以根据要显示的效果，来选择混合选项。
这里通过选择【颜色减淡】混合模式，来使图片
达到更加亮丽的效果，如图 4-96 所示。

图 4-96　设置混合模式

2．制作凹陷效果

通过添加图层样式效果，制作图像的凹陷效果非常简单。只要为图像所在图层添加【斜面和浮雕】
图层样式，并且在【样式】列表中选择【枕状浮雕】选项。然后设置【光泽等高线】为"环形"选项
即可，如图 4-97 所示。

图 4-97　枕状浮雕效果

第 5 章

选区操作

图像处理过程中，最多的还是局部图像的编辑，这时图像的选取操作就显得尤为重要。选取范围的优劣性、准确与否，都与图像编辑的成败有着密切的关系。因此，在最短时间内进行有效的、精确的范围选取，能够提高工作效率和图像质量，为以后的图像处理工作奠定基础。

在本章中，主要介绍 Photoshop 中最基本的选取工具，以及如何根据不同的图像特点，使用不同的选取工具进行选区的建立。

本章学习要点：

➤ 创建不同形状选区
➤ 控制选区范围
➤ 调整边缘
➤ 编辑选区
➤ 内容感知型填充

5.1 创建选区

无论使用何种选取工具建立选区，得到的均是由蚂蚁线所圈定的区域。根据不同图像的边缘，Photoshop 提供了不同的选取工具与命令。选取工具包括规则选取工具与特殊选择工具，而选取命令包含【色彩范围】命令。

5.1.1 基本选取工具

Photoshop 中规则选取工具包括【矩形选框工具】 、【椭圆选框工具】 、【单行选框工具】 与【单列选框工具】 ，如图 5-1 所示。

1. 矩形与椭圆选框工具

选框工具中的【矩形选框工具】 与【椭圆选框工具】 是 Photoshop 中最常用的选取工具。在工具箱中选择【矩形选框工具】 ，在画布上面单击并且拖动鼠标，绘制出一个矩形区域，释放鼠标后会看到区域四周有流动的虚线。在工具选项栏中包括 3 种样式：【正常】、【约束长宽比】与【固定大小】。在【正常】样式下，可以创建任何尺寸的矩形选区，如图 5-2 所示。

图 5-1　选框工具

选择【矩形选框工具】 后，在工具选项栏中设置【样式】为【约束长宽比】，默认参数值【宽度】与【高度】为 1∶1，这时创建的选区不限制尺寸，但是其宽度与高度比例相等为正方形；如果在文本框中输入其他数值，会得到其他比例的矩形选区，如图 5-3 所示。

图 5-2　正常样式下的矩形选区创建

如果在工具选项栏中设置【样式】为【固定大小】，那么在【宽度】与【高度】文本框中输入想要创建选区的尺寸，在画布中单击即可创建固定尺寸的矩形选区，如图 5-4 所示。

技 巧

【约束长宽比】和【固定大小】样式中的【宽度】和【高度】之间的双向箭头作用是交换两个选项数值。

图 5-3　创建固定比例的矩形选区

创建矩形选区后，马上联想到椭圆选区。选择工具箱中的【椭圆选框工具】 ，在工具选项栏中除了可以设置与矩形工具相同的选项外，还可以设置椭圆选区的【消除锯齿】选项，该选项是用于消除曲线边缘的马赛克效果，如图 5-5 所示为启用与禁用该选项得到的椭圆边缘效果。

图 5-4　创建固定大小的矩形选区

图 5-5　【消除锯齿】效果对比图

技 巧

创建矩形或者椭圆选区时，按下 Shift 键同时单击并且拖动鼠标得到的是正方形或者正圆选区；按下 Alt 键同时，可以鼠标单击处为中心向外创建选区；同时按下 Shift＋Alt 组合键，可以创建以鼠标单击处为中心点向外的正方形或者正圆选区。

2. 单行与单列选框工具

工具箱中的【单行选框工具】 与【单列选框工具】 ，可以选择一行像素或者一列像素，如图 5-6 所示。其工具选项栏与【矩形选框工具】相同，只是【样式】选项不可设置。

图 5-6　创建单行或者单列选区

注 意

凡是选取工具创建的区域均是闭合区域，只不过【单行选框工具】与【单列选框工具】创建的区域只有一个像素的高度或者宽度。如果放大图像显示，则可以看到创建的是一个闭合的选择区域。

5.1.2　灵活选择工具

在多数情况下，要选取的范围并不是规则的区域范围，而是不规则区域，这时就需要使用创建不规则区域的工具——套索工具组与魔棒工具组，如图 5-7 所示。

1. 各种套索工具

Photoshop 中的套索工具组包括【套索工具】 、【多边形套索工具】 与【磁性套索工具】 。其中【套索工具】 也可以称为曲线套索，使用该工具创建的选区是不精确的不规则选

图 5-7　不规则区域工具

区，如图 5-8 所示。

　　在背景与主题色调对比强烈，并且主题边缘复杂的情况下，使用【磁性套索工具】可以方便、准确、快速地选取主体图像。只要在主体边缘单击即可沿其边缘自动添加节点，如图 5-9 所示。

图 5-8　使用【套索工具】创建选区

图 5-9　使用【磁性套索工具】创建选区

　　选择【磁性套索工具】后，工具选项栏中显示其选项，选项名称及功能如表 5-1所示。

表 5-1　【磁性套索工具】选项及功能

选　项	功　能
宽度	用于设置该工具在选取时，指定检测的边缘宽度，其取值范围是 1～40 像素，值越小检测越精确
边对比度	用于设置该工具对颜色反差的敏感程度，其取值范围是 1%～100%，数值越高，敏感度越低
频率	用于设置该工具在选取时的节点数，其取值范围是 0～100，数值越高选取的节点越多，得到的选区范围也越精确
钢笔压力	用于设置绘图板的钢笔压力。该选项只有安装了绘图板及驱动程序时才有效

　　如图 5-10 所示为更改选项数值后得到的选区效果，发现节点明显减少，而生成的选区也不够精确。

　　【多边形套索工具】是通过鼠标的连续单击创建的多边形选区，如五角星等区域。该工具选项栏与【套索工具】完全相似。在画布中的不同位置单击形成多边形，当指针带有小圆圈形状时单击，可以生成多边形选区，如图 5-11 所示。

图 5-10　更改选项数值得到的选区

技 巧

在选取过程中按下 Shift 键可以保持水平、垂直或者 45 度角的轨迹方向绘制选区。如果想在同一选区中创建曲线与直线，那么在使用【套索工具】与【多边形套索工具】时，按下 Alt 键可以在两者之间快速切换。

图 5-11　使用【多边形套索工具】创建选区

2. 魔棒工具

【魔棒工具】与选框工具、套索工具不同，是根据在图像中单击处的颜色范围来创建选区的，也就是说某一颜色区域为何形状，就会创建该形状的选区。选择【魔棒工具】后，在工具选项栏中出现一些与其他工具不同的选项，其功能如下：

- ❑ **容差**　设置选取颜色范围的误差值，取值范围为 0～255，默认的容差数值为 32。输入的数值越大，则选取的颜色范围越广，创建的选区就越大；反之选区范围越小，如图 5-12 所示。
- ❑ **连续**　默认情况下为启用该选项，表示只能选中与单击处相连区域中的相同像素。如果禁用该选项则能够选中整幅图像中符合该像素要求的所有区域，如图 5-13 所示。

图 5-12　不同容差值创建的连续选区

图 5-13　相同容差值创建的连续与不连续选区

- ❑ **用于所有图层**　当图像中包含多个图层时，启用该选项后，可以选中所有图层中符合像素要求的区域；禁用该选项后，则只对当前作用图层有效。

3. 快速选择工具

可以使用【快速选择工具】，利用可调整的圆形画笔笔尖快速建立选区。拖动时，选区会向外扩展并自动查找和跟随图像中定义的边缘。

- ❑ **创建选区**

选择【快速选择工具】后，工具选项栏中显示【新选区】、【添加到选区】和【从选区减去】。当启用【新选区】并且在图像中单击建立选区后，此选项将自动更改为【添加到选区】 ![icon]，如图 5-14 所示。

当笔尖处于某种颜色区域内单击后，得到的选区是根据颜色像素建立的；如果将笔尖放置在两种颜色之间，那么单击后得到的选区包括这两种颜色，如图 5-15 所示。

图 5-14　创建选区

图 5-15　选择两种颜色区域

❑ 笔尖大小

要更改【快速选择工具】的笔尖大小，可以单击选项栏中的【画笔】选项并且输入像素大小或移动【大小】滑块。如图 5-16 所示为笔尖大小为 50 像素建立的选区，选区的范围还会随着笔尖的放大而扩大。

技　巧

在建立选区时，按右方括号键（]）可增大【快速选择工具】画笔笔尖的大小；按左方括号键（[）可减小【快速选择工具】画笔笔尖的大小。

❑ 自动增强

【自动增强】选项是用来减少选区边界的粗糙度和块效应。启用【自动增强】选项会自动将选区向图像边缘进一步流动并应用一些边缘调整，如图 5-17 所示为禁用与启用该选项得到相同选区后，填充的颜色效果对比。

图 5-16　改变笔尖大小

5.1.3　【色彩范围】命令

图 5-17　禁用或者启用【自动增强】选项

创建选区除了使用选取工具外，还可以使用命令来创建。Photoshop 在【选择】菜单中设置了【色彩范围】命令用来创建选区，该命令与【魔棒工具】类似，都是根据颜色范围创建选区。执行【选择】|【色彩范围】命令，打开如图 5-18 所示的对话框。

1. 选取颜色

在【色彩范围】对话框中，使用【取样颜色】选项可以选取图像中的任何颜色。在默认情况下，使用【吸管工具】在图像窗口中单击选取一种颜色范围，单击【确定】按钮后，显示该范围选区，如图 5-19 所示。

图 5-18 【色彩范围】对话框

2. 颜色容差

【色彩范围】对话框中的【颜色容差】与【魔棒工具】中的【容差】相同，均是选取颜色范围的误差值，数值越小，选取的颜色范围越小，如图 5-20 所示为【颜色容差】为 20 得到的选区。

3. 添加与减去颜色数量

【颜色容差】选项更改的是某一颜色像素的范围，而对话框中的【添加到取样】与【从取样中减去】是增加或者减少不同的颜色像素。在红色像素范围内增加绿色像素得到的选区如图 5-21 所示。

图 5-19 使用默认选项创建选区

4. 反相

当图像中的颜色复杂时，想要选择一种颜色或者其他 N 种颜色像素，就可以使用

图 5-20 更改【颜色容差】得到的选区

【色彩范围】命令。在该对话框中选中较少的颜色像素后，启用【反相】选项，单击【确定】按钮后得到反方向选区，如图 5-22 所示。

图 5-21　增加不同颜色像素范围　　　　图 5-22　启用【反相】选项得到的选区

5.2　选区的基本操作

　　在实际的操作过程中，会遇到许多选区的基本操作，掌握这些操作不但可以增加图像的更多细节，还可以快速提高工作效率。

图 5-23　选择整个画布

5.2.1　全选与反选

　　不同形状选区可以使用不同选取工具来创建，要是以整个图像或者画布区域建立选区，那么可以执行【选择】|【全选】命令（快捷键 Ctrl+A），如图 5-23 所示。

　　当在选区中完成操作后，可以将选区删除，这样才可以在图像其他位置继续操作。执行【选择】|【取消选择】命令（快捷键 Ctrl+D）删除选区。

> **技　巧**
> 当删除选区后，想再一次显示该选区，那么执行【选择】|【重新选择】命令（快捷键 Ctrl+Shift+D）即可。

　　当已经在图像中创建选区后，想要选择该选区以外的像素时，可以执行【选择】|【反向】命令（快捷键 Ctrl+Shift+I）即可，如图 5-24 所示。该命令与【色彩范围】中的【反相】选项相似。

　　要想隐藏选区而不删除，可以执行【视图】|

图 5-24　反向选区

【显示额外内容】命令（快捷键 Ctrl+H），重新显示选区同样执行该命令即可。如果在编辑工作中，只能在局部绘制或者操作，是因为隐藏了选区而不是删除选区，如图 5-25 所示。

5.2.2 移动选区

当创建选区后，可以随意移动选区以调整选区位置，移动选区不会影响图像本身的效果。使用鼠标移动选区是最常用的方法，确保当前选择了选取工具，将鼠标指向选区内，按下左键拖动即可，如图 5-26 所示。在创建选区的同时也可以移动选区，方法是按下空格键并且拖动鼠标即可。

图 5-25　在隐藏选区的画布中绘制

提 示

> 想要精确地移动选区，可以通过键盘上的 4 个方向键。如果移动 10 个像素的距离需要结合 Shift 键。

如果想在同一图层中移动部分图像，那么可以在创建选区后，选择工具箱中的【移动工具】，单击并且拖动选区即可同时移动选区和选区内的图像，如图 5-27 所示。

技 巧

> 创建选区后，还可以在不选择【移动工具】的情况下移动选区内的图像，方法是按下 Ctrl 键的同时单击并且拖动选区。

5.2.3 保存与载入选区

图 5-26　移动选区

在完成创建选区后，如果需要多次使用该选区，可以将其保存起来，以便在需要时载入重新使用，提高工作效率。

1. 保存选区

使用选区工具或者命令创建选区后，执行【选择】|【存储选区】命令，如图 5-28 所示，其中的选项及功能如表 5-2 所示。

图 5-27　移动选区内的图像

图 5-28　【存储选区】对话框

表 5-2　【存储选区】对话框中的选项及功能

选　项	功　能
文档	设置选区文件保存的位置，默认为当前图像文件
通道	在 Photoshop 中保存选区实际上是在图像中创建 Alpha 通道。如果图像中没有其他通道，将新建一个通道；如果存在其他通道，那么可以将选区保存或者替换该通道
名称	当【通道】选项为新建时，该选项被激活，为新建通道创建名称
新建通道	当【通道】选项为新建时，操作为该选项
替换通道	当【通道】选项为已存在的通道时，【新建通道】选项更改为【替换通道】选项。该选项是将选区保存在【通道】列表中选择的通道名称，并且替换该通道中原有的选区
添加到通道	当【通道】选项为已存在的通道时，启用该选项是将选区添加到所选通道的选区中，保存为所选通道的命令
从通道中减去	当【通道】选项为已存在的通道时，启用该选项是将选区从所选通道的选区中减去后，保存为所选通道的命令
与通道交叉	当【通道】选项为已存在的通道时，启用该选项是将选区与所选通道的选区相交部分，保存为所选通道的名称

在该对话框中，选择新建通道保存选区后，【通道】面板中出现以对话框中命名的新通道，如图 5-29 所示。

2. 载入选区

将选区保存在通道后，可以将选区删除进行其他操作。当想要再次借助该选区进行其他操作时，执行【选择】|【载入选区】命令，打开如图 5-30 所示对话框，在【通道】选项中选择指定通道名称即可。

图 5-29　选区保存在通道中

图 5-30　【载入选区】对话框

该对话框中的选项及功能如表 5-3 所示。

选 项	功 能
文档	选择已保存过选区的图像文件名称
通道	选择已保存为通道的选区名称
反相	启用该选项，载入选区将反选选区外的图像。相当于载入选区后执行【选择】|【反向】命令
新建选区	在图像窗口中没有其他选区时，只有该选项可以启用，即为图像载入所选选区。
添加到选区	当图像窗口中存在选区时，启用该选项是将载入的选区添加到图像原有的选区中，生成新的选区
从选区中减去	当图像窗口中存在选区时，启用该选项是将载入的选区与图像原有选区相交副本删除，生成新的选区
与选区交叉	当图像窗口中存在选区时，启用该选项是将载入的选区与图像原有选区相交副本以外的区域删除，生成新的选区

当画布中已经存在一个选区时，在【载入选区】对话框的【操作】选项组中启用【添加到选区】选项，单击【确定】按钮后得到两个选区，如图 5-31 所示。

图 5-31 载入选区

5.3 编辑选区

遇到较为复杂的图像时，使用选取工具与命令有时无法一次性创建选区，这时就需要对创建的选区进行编辑，例如添加或者减去选区范围、更改选区的形状以及在现有的选区基础上进行其他操作等。

5.3.1 选区变形

在画布创建选区后，执行【选择】\|【变换选区】命令，或者在选区内右击，选择【变换选区】命令，会在选区的四周出现自由变形调整框，该调整框带有 8 个控制节点和一个旋转中心点，并且在工具选项栏中出现对应的选项，如图 5-32 所示。

图 5-32 执行【变换选区】命令

【变换选区】选项中的功能如表 5-4 所示。

序号	图 标	名 称	功 能
1	▦	参考点位置	此选项图标中的 9 个点对应调整框中的 8 个节点和中心点，单击选中相应的点，可以确定为变换选区的参考点

序号	图　标	名　称	功　能
2			输入数值精确定位选区在水平方向位移的距离
3	X: 899.50 像素　△　Y: 630.00 像素	位移选项	启用该选项，在 X、Y 文本框中输入的数值为相对于参考点的距离；禁用该选项，在 X、Y 文本框中输入的数值为相对于坐标原点的距离
4			输入数值精确定位选区在垂直方向位移的距离
5			输入数值用于控制相对于原选区宽度缩放的百分比
6	W: 100.00%　∞　H: 100.00%	缩放选项	启用该按钮可以使变换后的选区保持原有的宽高比
7			输入数值用于控制相对于原选区高度缩放的百分比
8	△ 0.00　　度	旋转选项	输入数值用于控制旋转选区的角度
9	H: 0.00　度 V: 0.00　度	斜切选项	输入数值用于控制相对于原选区水平方向斜切变形的角度
10			输入数值用于控制相对于原选区垂直方向斜切变形的角度
11	插值： 两次立方 ◆	插值	是图像重新分布像素时所用的运算方法，也是决定中间值的一个数学过程。在重新采样时，Photoshop 会使用多种复杂方法来保留原始图像的品质和细节
12	🔳	在自由变换与变形模式之间切换	启用该按钮切换到变形模式；禁用该按钮返回自由变换模式
13	⊘	取消变换	单击该按钮，取消对选区的变形操作，也可以按 Esc 键
14	✔	进行变换	单击该按钮，确认执行对于选区的变形操作，也可以按 Enter 键

　　执行【变换选区】命令后，除了可以移动选区，还可以对选区缩小与放大，或者旋转，如图 5-33 所示。

🔾 **图 5-33** 对选区移动、缩小与旋转

技　巧

自由变形调整框中的中心点既可以放置在调整框正中，也可以放置在调整框内的任何位置，还可以放置在调整框外围。

　　要想对选区进行其他操作，可以在调整框中右击，分别选择【斜切】、【扭曲】与【透视】命令调整选区，如图 5-34 所示。

🔾 **图 5-34** 对选区斜切、扭曲、透视

在右键快捷菜单中，还有一个变换命令为【变形】，与工具选项栏中的【变形】选项![icon]相同，执行该命令后，调整框变成网状，这时可以任意调节，如图5-35所示。

图 5-35　对选区变形

5.3.2　修改选区

在【选择】|【修改】命令中，有一组子命令是专门对选区进行进一步细致调整的。该组命令包括【边界】、【平滑】、【扩展】、【收缩】和【羽化】。

1.【边界】命令

【修改】菜单中的【边界】命令是将区域选区转换为线条选区。当画布中存在选区后，执行【选择】|【修改】|【边界】命令，打开如图5-36所示对话框，其中的【宽度】选项是用来设置线条选区的宽度。

图 5-36　将区域选区转换为线条选区

执行【边界】命令后，区域选区生成具有一定宽度的线条选区，该选区带有一定的羽化效果，如图5-37所示。

2.【平滑】命令

当遇到带有尖角的选区时，为了使尖角圆滑，可以执行【选择】|【修改】|【平滑】命令。在打开的【平滑选区】对话框中，设置【取样半径】的数值越大，选区转角处越为平滑，如图5-38所示，使用【平滑】命令之后的选区只有拐角处变得平滑。

图 5-37　线条选区效果

3.【扩展】命令

要想在原有选区的基础上，向四周扩大，除了使用【变换选区】命令

图 5-38　平滑选区

外，还可以执行【选择】|【修改】|【扩展】命令。在打开的对话框中，【扩展量】选项数值越大，选区越大，如图 5-39 所示。

4.【收缩】命令

既然有扩大选区的命令，相对地也就有缩小选区的命令。执行【选择】|【修改】|【收缩】命令，会在原有选区的基础上，根据【收缩量】选项数值的大小进行缩小，如图 5-40 所示。

图 5-39　扩大选区

5.【羽化】命令

【羽化】命令是将选区边缘生成有选区中心向外渐变的半透明效果，以模糊选区的边缘。在正常情况下建立的选区，其羽化值为 0 像素，要想将选区羽化，执行【选择】|【修改】|【羽化】命令（快捷键 Shift+F6），在 0～255 像素之间任意设置，如图 5-41 所示为【羽化半径】为 15 像素得到的效果。

图 5-40　收缩选区

> **提 示**
>
> 要想直接创建带有羽化效果的选区，可以在选择选取工具后，建立选区前在工具选项栏设置【羽化】数值，这样建立的选区会带有羽化效果。

图 5-41　羽化选区

5.3.3　运算选区

要创建的选区，并不是都可以一次性创建完成的，根据要求有时需要在现有选区的基础上添加其他选区，有时是减去现有部分选区等。这时就需要运用到选取工具选项中的【运算模式】选项，如图 5-42 所示。Photoshop 中绝大多数创建选区的工具选项栏中均有【运算模式】选项，在默认情况下，【运算模式】选项为【新选区】 。

图 5-42　选取工具中的【运算模式】选项

1．添加到选区

当创建一个选区后，在选取工具的选项栏中启用【添加到选区】 ，接着创建选区，如果两个选区重叠，那么会将两个选区合并为一个选区，如图 5-43 所示。因为【添加到选区】选项生成的选区是新建选区与原有选区的合集。

2．从选区中减去

要想从一个现有的选区中删除部分区域，那么在画布中存在一个选区时启用【从选区中减去】 ，就可以在该选区中单击并且拖动鼠标绘制另外一个选区，完成后释放鼠标，发现原有选区中的重叠部分被删除，如图 5-44 所示。

图 5-43　添加到选区

图 5-44　从选区中减去

3．与选区交叉

【与选区交叉】选项 虽然也是从选区中删除部分选区，但是与【从选区中减去】选项使用的效果不同。启用该选区后,在原有选区中单击并且拖动鼠标绘制另外一个选区，完成后释放鼠标，发现原有选区中的重叠部分被保留，其他部分被删除，如图 5-45 所示。

图 5-45　与选区交叉

5.3.4　调整边缘

【调整边缘】选项可以提高选区边缘的品质，并且允许对照不同的背景查看选区以便轻松编辑。但是前提条件是图像中必须已经建立的选区，如图 5-46 所示。虽然该选项并不是新添加的功能，但是经过更新，相对应原来的选项设置，新增加的选项设置能够得到更加精确的选区效果。

建立选区后，选取工具选项栏中的【调整边缘】选项呈可用状态，单击该按钮，或者执行【图像】|【调整边缘】命令打开【调整边缘】对话框，图像会根据其中的默认参数呈现如图 5-47 所示效果。要想使选区有所变化，可以设置其中的各种参数。

1．视图模式

在该对话框中包括 7 种选区视图，默认情况下以【白底】背景显示。除【白底】背景外，还包括【闪烁虚线】、【叠加】、【黑底】、【黑白】、【背景图层】及【显示图层】。单击不同的选项图标得到的展示效果各不相同，如图 5-48 所示为同一图像选区的不同效果。

> **注　意**
>
> 无论使用哪个选区视图，只能预览设置参数后在某个情况下展示的效果，最终得到的效果只是选区的变化。而在该选项组左侧还准备了两个辅助工具——【缩放工具】 🔍 与【抓手工具】 ✋ ，以方便视图查看。

图 5-46　建立选区

图 5-47　【调整边缘】对话框

闪烁虚线　　　　　　　　　叠加　　　　　　　　　　黑底

黑白　　　　　　　　　　背景图层　　　　　　　　显示图层

图 5-48　不同的选区视图效果

2. 边缘检测

【视图模式】选项组中的【显示半径】与
【显示原稿】选项，是与【边缘检测】选项组
相结合应用的。当启用【显示半径】选项后，
启用【边缘检测】选项组中的【智能半径】选
项，并设置【半径】参数值，即可查看边缘区
域，如图 5-49 所示。

3. 调整边缘

图 5-49　显示边缘

【调整边缘】选项组中的选项，有些是原【调整边缘】对话框中的选项，其中【移

动边缘】选项是新增的选项。

【平滑】参数是用于减少选区边界中的不规
则区域，创建更加平滑的轮廓。输入一个值或将
滑块在 0～100 之间移动。如图 5-50 所示为该参
数为 85 的预览效果。

图 5-50　增加平滑数值

> **提　示**
>
> 设置【平滑】参数时，在【说明】选项中除了说明该参数
> 的功能外，还提示可以使用【半径】参数恢复一些细节。

【对比度】参数是用于锐化选区边缘并去除
模糊的不自然感。增加对比度可以移去由于【半
径】设置过高而导致在选区边缘附近产生的过多
杂色。

【羽化】参数是用于选区及其周围像素之间
创建柔化边缘过渡，输入一个值或移动滑块以定
义羽化边缘的宽度（从 0～250 像素）。该参数与
【选择】|【修改】中的【羽化】命令效果相同，
只是该参数可以在设置参数的同时查看效果，如
图 5-51 所示。

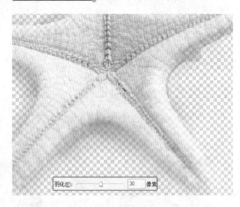

图 5-51　增加羽化数值

【移动选区】选项是用来收缩或扩展选区边
界，默认参数为 0，参数范围为 –100～100。其中，
扩展选区对柔化边缘选区进行微调很
有用；收缩选区有助于从选区边缘移
去不需要的背景色，如图 5-52 所示。

> **提　示**
>
> 设置参数后想要返回默认参数时，可以按住
> Alt 键，当对话框中的【取消】按钮变成【复
> 位】按钮，单击即可复原参数设置。

图 5-52　移动选区效果

在该选项组左侧还准备了【调整
半径工具】 与【抹除调整工具】 ，
前者是用来删除选区边缘的背景图像；后者是用
来恢复删除后的背景图像。为了更好地展示这两
个功能，这里采用了具有长发的人物。

使用方法非常简单，只要在画布中建立选区
后，打开【调整边缘】对话框。设置【视图模式】
为【黑底】，查看建立选区后的效果，如图 5-53
所示。

这时单击【调整半径工具】 ，在图像的边
缘区域涂抹即可删除该区域的背景图像，如图

图 5-53　选区黑底效果

5-54 所示。

图 5-54　删除边缘背景图像

使用相同的方法，涂抹其他边缘区域，或者重复涂抹，能够将背景图像删除的更加彻底，如图 5-55 所示。

【调整半径工具】 的应用是建立在选区边缘基础上的，所以在没有选区边缘的区域应用该工具，就无法删除背景图像，如图 5-56 所示。

而对于过度删除背景图像的区域，则可以通过选择【抹除调整工具】 ，在该区域内进行涂抹，从而恢复删除前的图像效果，如图 5-57 所示。

图 5-55　涂抹后效果

图 5-56　无法删除的区域

图 5-57　恢复删除前效果

4．输出

【输出】选项组中的【净化颜色】选项是为了删除选区边缘的背景颜色。方法是启用【净化颜色】选项，设置【数量】参数值即可查看效果，如图 5-58 所示。

而【输出到】选项则是用来设置选区设置后的图像效果，这里列出了 6 个选项。其

中当启用【净化颜色】选项后，【选区】和
【图层蒙版】选项将无法使用。当选择【输
出到】选项为【新建带有图层蒙版的图层】
选项后，单击【确定】按钮，即可得到新建
图层，并且该图层带有图层蒙版，如图5-59
所示。

5.4 选区修饰

在Photoshop中，创建选区除了可以对
图像进行编辑外，还可以修饰选区，如对选
区进行填充以及描边等操作，从而使图像得
到奇特的效果。

5.4.1 选区填充

创建选区后右击，选择快捷菜单中的

图 5-58　启用【净化颜色】选项

【填充】命令，或者执行【编辑】|【填充】
命令（快捷键Shift+F5），打开如图5-60所示对话框。在该对话框中可以填充单色与图
案，以及根据填充的对象设置不同的参数得到不同的填充效果。

图 5-59　创建新图层

图 5-60　【填充】对话框

1. 填充选区

在默认情况下，选择【填充】对话框的【使
用】下拉列表中的【前景色】或者【背景色】选
项，单击【确定】按钮可以在选区中填充工具箱
中的【前景色】或者【背景色】，如图5-61所示。

提　示

如果是通过选择【使用】下拉列表中的【颜色】选项，
那么可以在【选取一种颜色】对话框中选择任意颜色
填充选区。

图 5-61　填充前景色

当在【使用】下拉列表中的【图案】选项后，【自定图案】列表框被激活，在下拉列表框中选择Photoshop 自带的图案，可以在选区中填充该图案，如图 5-62 所示。

图 5-62　填充图案

2．不透明度

建立选区是为了保护选区以外的图像，当在选区中填充颜色或者图案后，发现会将选区内原有的图像覆盖，为了显示原有的图像，在【填充】对话框中提供了【不透明度】选项，设置不同数值的不透明度，会得到不同程度的显示效果，如图 5-63 所示。

图 5-63　设置图案填充不透明度

3．模式

设置选区填充的【不透明度】选项，效果较为单一，在【填充】对话框中有一个选项，可以在一个颜色或者图案基础上得到不同显示效果，那就是【模式】选项，如图 5-64 所示为同一图案设置不同的【模式】选项，得到的不同效果。【模式】选项与图层【混合模式】类似，我们会在以后的章节详细介绍。

图 5-64　设置图案填充模式

4．保留透明区域

【保留透明区域】选项是针对普通图层而言的，在背景图层中该选项不可用。当创建后的选区中存在透明像素时，启用或者禁用【填充】对话框中的【保留透明区域】选项，会得到不同的效果，如图 5-65 所示。

如果是在具有透明像素的选区中填充颜色或者图案，分别在禁用或者启用【保留透明区域】选项的情况下，设置相同的【模式】选项，也会得到不同的效果，如图5-66 所示，当禁用【保留透明区域】选项时，在透明区

图 5-65　禁用与启用【保留透明区域】选项

图 5-66　禁用与启用【保留透明区域】选项后同一模式效果

域填充的图案是以原图像显示的。

按组合键 Ctrl + Back Space，可以直接用背景色填充选区；按组合键 Alt + Back Space，可以直接用前景色填充选区；按组合键 Shift + Back Space 可以打开【填充】对话框；按组合键 Alt + Shift + Back Space 以及组合键 Ctrl + Shift + Back Space 在填充前景色及背景色时只填充已存在的像素（保留选区中透明区域）。

5.4.2　内容感知型填充

在 Photoshop 的【填充】对话框中，【使用】列表中的【内容识别】选项，该选项是使用附近的相似图像内容不留痕迹地填充选区。而为了获得最佳结果，创建的选区需要略微扩展到要复制的区域之中。

默认情况下，【使用】列表中的【内容识别】选项不可用。必须在画布中创建选区，才能够选择该选项，如图 5-67 所示。

图 5-67　建立选区

当在画布中创建选区后，执行【编辑】|【填充】命令，选择【使用】为【内容识别】选项，单击【确定】按钮即可按照选区外围的图像纹理进行填充，如图 5-68 所示。

在默认情况下，选择【内容识别】选项能够将选区内的图像修饰为选区外围的图像纹理。但是在【填充】对话框中，还能够同时设置【混合模式】与【不透明度】选项，添加不同选项的设置，得到的填充效果也会有所不同，如图 5-69 所示。

图 5-68　内容识别填充

图 5-69　内容识别的正片叠底模式与不透明度效果

5.4.3　选区描边

图 5-70　【描边】对话框

除了可以在选区内填充颜色与图案外，还可以为选区的蚂蚁线涂上颜色，生成边框图像的边缘效果。当画布中存在选区时，执行【编辑】|【描边】命令，或者右击选区选择【描边】命令，打开如图 5-70 所示的对话框。除了与【填充】对话框相同的【模式】、【不透明度】与【保留透明区域】选项外，还可以设置【宽度】、【颜色】与【位置】选项。

1．默认描边

在默认情况下，描边颜色为工具箱中的【前景色】，【宽度】为 1 像素，【位置】为居中，得到的是 1 像素线条，如图 5-71 所示。

2．描边位置

在为选区进行描边时，线条的位置极为重要，因为得到的效果不同，如图 5-72 所示分别为 15 像素在蚂蚁线【内部】、【居中】与【居外】位置的效果。

图 5-71　1 像素描边

图 5-72　不同位置的描边效果

3．保留透明选区

当选区内部为图像区域，选区外部为透明区域，那么启用【保留透明区域】选项，对在内部描边没有影响，而外部描边则会完全没有效果，居中描边则是前两者的综合效果。如图 5-73 所示为居中描边设置相同的模式，分别在禁用与启用【保留

图 5-73　禁用与启用【保留透明区域】选项后同一模式效果

第 5 章　选区操作

109

透明区域】选项得到的效果对比。

5.5 课堂练习：选区抠图

本实例主要使用选区抠图，其中使用到的选区工具是【魔棒工具】。将主体元素从其他图像中提取出后，更换上新的背景图片，即可完成一张新的图像合成效果，如图 5-74 所示。

图 5-74　最终效果

操作步骤：

1　打开如图 5-75 所示素材图片，选择工具箱中的【魔棒工具】 来选取，单击背景。

图 5-75　打开图片

2　继续创建选区，单击【添加到选取】按钮 ，单击右下方区域，如图 5-76 所示。

图 5-76　选定背景

3　继续使用【添加到选区】按钮，单击没有被选中的区域，直到背景完全被选中，如图 5-77 所示。

图 5-77　设置调整边缘

4　按快捷键 Ctrl+Shift+I 进行反向，选定主体，新建透明文档，与原图大小一致，在原图中按快捷键 Ctrl+C 将选区复制，在新文档中按快捷键 Ctrl+V 粘贴，效果如图 5-78 所示。

图 5-78　把主体放入新文档

⑤ 拖进背景素材，将抠出来的图像放置在合适
的位置，调整大小，得到最终效果，如图
5-79所示。

图 5-79　调整大小

5.6　课堂练习：突出翱翔的热气球

本实例制作的是天空中翱翔的热气球效果，如
图 5-80 所示。在制作过程中使用了【矩形选框工具】
□与【内容识别】面板，通过新增功能的运用，将
画面中多余的热气球删除并填充为天空背景，从而
来突出某个热气球在空中翱翔的效果。

图 5-80　最终效果

操作步骤：

① 按快捷键 Ctrl+O 打开配套光盘中的素材图
片，如图 5-81 所示，右下角的热气球为要
修饰的对象。

图 5-82　使用【矩形选框工具】

③ 完成选区建立后，执行【编辑】|【填充】
命令。选择【使用】为【内容识别】选项。
然后单击【确定】按钮，如图 5-83 所示。

④ 按快捷键 Ctrl+D 取消选区，使用【矩形选
框工具】□，继续创建选区。执行【编辑】|
【填充】命令，选择【使用】为【内容识别】
选项，然后单击【确定】按钮，完成最终效
果，如图 5-84 所示。

图 5-81　打开素材图片

② 选择【矩形选框工具】□，在画布右下角
区域建立巨型选区，将图片中的热气球框
选，如图 5-82 所示。

图 5-83　设置参数

图 5-84　创建选区

5.7　思考与练习

一、填空题

1. 无论使用哪种选取工具创建选区，所选区域都将以_____表示。

2. 通过颜色建立选区的命令是_____。

3. 结合_____键可以创建一个正方形或者正圆选区。

4. 套索工具组包含了三种类型的工具，分别为【_____】、【多边形套索工具】和【_____】。

5. _____利用可调整的圆形画笔笔尖快速建立选区。

二、选择题

1. 对选区进行变形的快捷键是_____。

　　A．Ctrl+T

　　B．Ctrl+F

　　C．Shift+T

　　D．没有快捷键

2. 单击【通道】面板底部的_____按钮，能够将画布中的选区保存至新建通道中。

　　A．【将通道作为选区载入】

　　B．【将选区存储为通道】

　　C．【创建新通道】

　　D．【删除当前通道】

3.【取消选择】选取范围命令对应的快捷键是_____。

　　A．Shift+D

　　B．Ctrl+D

　　C．Ctrl+H

　　D．Ctrl+Alt+D

4. 要增加选取范围，应该在工具选项栏中启用的功能按钮是_____。

　　A．

　　B．

　　C．

　　D．

5. 选择整个画布的快捷键是_____。

　　A．Ctrl+A

　　B．Ctrl+B

　　C．Ctrl+D

　　D．Shift+A

三、问答题

1. 在一幅图像中创建了选区后，要想将其载入到其他图像中使用，需要执行哪些操作？

2. 移动选区分别有哪些情况？

3. 对选区执行【存储选区】命令后，选区保存在什么位置？

4. 如何直接创建文字选区？

5. 如何将通道的图像以选区形式显示在画布中？

四、上机练习

1. 对局部图像进行变形

对于同一个图层的图像来说，要想变形局部图像，那么首先要选择该局部图像。然后按快捷键 Ctrl+T 显示变换框后，单击工具选项栏中的

【变形】按钮 ⊞，即可对选区内的图像进行变形，　　　如图 5-85 所示。

单击

图 5-85　局部变形

2．快速提取图像

在 Photoshop CC 中，对于背景较为简单的复杂图像来说，选取工具与【调整边缘】命令相结合，即可快速地进行提取。方法是，使用【磁性套索工具】 在老鹰边缘建立大概轮廓选区

后，单击工具选项栏中的【调整边缘】按钮，在弹出的【调整边缘】对话框中，使用【调整半径工具】 在选区边缘进行涂抹，从而删除老鹰羽毛中的背景图像，得到老鹰的完整提取，如图 5-86 所示。

图 5-86　提取图像

第 6 章

绘制与修复图像

　　由于 Photoshop 是图像处理软件，所以为其提供了十多种专门用于修饰和修复问题照片的工具，它们可对一些破损或有污点的图像进行精确而全面的修复。而 Photoshop 的绘制功能也非常强大，绘图工具的使用可以说是 Photoshop 的基本功能。只有扎实地掌握它们的使用方法和技巧，才能在图像处理中大做文章。

　　在本章中，除了学习用于修饰图像的修复工具，以及用于绘制图像的绘图工具外，还需要掌握绘图中的单色填充与渐变色填充，更好地掌握图像绘制方法。

本章学习要点：

➢ 绘图工具
➢ 编辑画笔
➢ 图形编辑工具
➢ 填充工具

6.1　手绘工具

利用 Photoshop 进行绘图，可以达到与现实生活中使用画笔绘画的真实效果。在 Photoshop 中，可以用来绘图的工具包括 4 种工具，当启用这些工具时，在工具选项栏中就会显示相应工具的参数。通过设置这些参数，如画笔大小、绘图颜色及透明度等，可以创作出非常逼真的作品。

6.1.1　画笔工具

【画笔工具】✐可以在画布中绘制当前的前景色。选择工具箱中的【画笔工具】✐后，即可像使用真正的画笔在纸上作画一样，在空白画布或者图像上进行绘制。

1. 画笔类型

画笔根据笔触类型，可以分为三种。第一种为硬边画笔，此类画笔绘制的线条边缘清晰；第二种为软边画笔，此类画笔绘制的线条具有柔和的边缘和过度效果；第三种画笔为不规则画笔，此类画笔可以产生类似于喷发、喷射或爆炸等不规则形状，如图 6-1 所示。

硬边画笔　　　　　　　软边画笔　　　　　　　不规则画笔

▢ 图 6-1　画笔笔触类型

当选择工具箱中的【画笔工具】✐后，在文档中右击，即可弹出一个【画笔预设】选取器。在该选取器中可以设置画笔的【主直径】及【硬度】的参数大小，如图 6-2 所示。

▢ 图 6-2　【画笔预设】选取器

2. 绘画模式

绘画模式的作用是设置绘画的颜色与下面的现有像素混合的方法，而产生一种结果颜色的混合模式。混合模式将根据当前选定工具的不同而变化，其中，绘画模式与图层混合模式类似。只要绘制之前在工具选项栏中设置【绘画模式】选项，即可得到不同的绘画效果，如图 6-3 所示。

正常模式　　　　　　　　　　颜色加深模式　　　　　　　　　　颜色模式

　　图 6-3　　不同绘画模式

3．不透明度

　　【不透明度】选项是指绘图应用颜色与原有底色的显示程度，在【不透明度】选项中，可以设置从 1～100 的整数决定不透明度的深浅，或者单击下拉列表框右侧的小三角按钮，拖动滑块进行调整，或者直接在文本框中输入数值，如图 6-4 所示。

不透明度为 80%　　　　　　　　不透明度为 50%　　　　　　　　不透明度为 20%

　　图 6-4　　不同透明度效果

4．画笔流量

　　【流量】选项是设置当将指针移动到某个区域上方时应用颜色的速率。在某个区域上方进行绘画时，如果单击鼠标不放，那么颜色量将根据流动速率增大，直至达到不透明度设置，如图 6-5 所示。

画笔流量速率 80%　　　　　　　画笔流量速率 50%　　　　　　　画笔流量速率 20%

　　图 6-5　　不同流量画笔效果

5. 喷枪功能

使用【喷枪】功能模拟绘画，需要将指针移动到某个区域上方时，如果单击鼠标不放，颜料量将会增加。其中，画笔【硬度】、【不透明度】和【流量】选项可以控制应用颜料的速度和数量。例如，使用湿介质画笔，单击【喷枪】按钮 ⚙，在某一区域单击，每单击一次颜料量将会增加，直到不透明度达到 100％，如图 6-6 所示。

单击 1 次效果   单击 5 次效果   单击 10 次效果

图 6-6　喷枪画笔效果

提　示

当选择【画笔工具】 ✏ 后，在工具选项栏中新增了两个按钮——【绘图板压力控制大小】按钮 ⚙ 与【绘图板压力控制不透明度】按钮 ⚙，这两个工具是在使用绘图板时，用来改变笔触的大小与不透明度设置的。

6.1.2　混合器画笔工具

【混合器画笔工具】 ✒ 可以模拟真实的绘画技术，如混合画布上的颜色、组合画笔上的颜色以及在描边过程中使用不同的绘画湿度。

当选择工具箱中的【混合器画笔工具】 ✒ 后，在工具选项栏中显示该工具的各种选项，如图 6-7 所示。

图 6-7　【混合器画笔工具】 ✒ 选项

1. 预设画笔

在 Photoshop CC 中，在【画笔预设】选取器中包括了预设笔触形状。当选择这些笔触形状时，可以在工作区域显示笔刷预览显示效果，如图 6-8 所示。

注 意

要想在选择画笔工具后显示笔刷预览显示效果，则需要执行【编辑】|【首选项】|【性能】命令，在弹出的对话框中启用【启用 OpenGL 绘图】选项，并且重新启动 Photoshop CC 软件。

图 6-8 笔刷预览显示

2. 有用的混合画笔组合

由于【混合器画笔工具】是用来绘制带有纹理的笔触效果，所以在工具选项栏中的【有用的混合画笔组合】下拉列表中准备了各种画笔预设效果。这样就能够绘制出不同情况下的笔触效果，如干燥笔触、湿润与潮湿笔触等，如图 6-9 所示。

图 6-9 不同笔触效果

提 示

在【有用的混合画笔组合】列表右侧的【潮湿】、【载入】、【混合】以及【流量】选项，在没有特殊要求下，是不需要设置的。因为这些选项参数会根据【有用的混合画笔组合】列表中的选项来进行设置。

3. 绘画色管

【混合器画笔工具】有两个绘画色管（一个储槽和一个拾取器）。储槽存储最终应用于画布的颜色，并且具有较多的油彩容量。拾取色管接收来自画布的油彩，其内容与画布颜色是连续混合的。

在工具选项栏中，当禁用【只载入纯色】选项后，按住 Alt 键在画布中单击，即可拾取画布中的图像作为取样，然后使用画笔在图像中绘制，从而将照片效果的图像绘制成油画效果，如图 6-10 所示。

提 示

在工具选项栏中，还包含两个按钮——【每次描边后载入画笔】按钮与【每次描边后清洗画笔】按钮。单击后者按钮后，每次使用画笔都能够重新清洗画笔；而前者按钮则能够载入画笔或者纯色。

Photoshop CC 图像处理标准教程

6.1.3 铅笔工具

【铅笔工具】 ✏️ 绘制的图形边缘比较僵硬，常用来画一些棱角突出的线条。它的使用方法与【画笔工具】 ✏️ 类似，不同的是铅笔工具不能设置笔触的硬度，如图 6-11 所示。

图 6-10　绘制图像

在【铅笔工具】 ✏️ 的工具选项栏中，【自动涂抹】选项允许用户在包含前景色的区域中绘制背景色。当开始拖动时，如果光标的中心在前景色上，则该区域将抹成背景色，如图 6-12 所示。

如果在开始拖动时，光标的中心在不包含前景色的区域上，那么该区域将被绘制成前景色，如图 6-13 所示。

图 6-11　铅笔绘制效果

图 6-12　【自动涂抹】选项

图 6-13　不同起点绘制效果

6.1.4 编辑画笔

在【画笔工具】 ✏️ 选项栏中，虽然能够设置【画笔预设】选项、【绘画模式】选项、【不透明度】选项与【流量】选项等。但是仅仅通过这些选项，还是不能满足绘画要求。这时可以通过设置【画笔】面板中的选项，来达到要求的效果。当选择【画笔工具】 ✏️ 后，在工具选项栏中单击【切换画笔面板】按钮 🗔，即可弹出【画笔】面板，如图 6-14 所示。

1. 画笔笔尖形状

选择【画笔工具】 ✏️，并按快捷键 F5，打开

图 6-14　【画笔】面板

【画笔】面板。单击面板左侧的【画笔笔尖形状】选项，面板右侧显示相应的参数。其中，当选择默认的画笔笔触形状时，在调整区域中显示以下选项。

❑ **翻转复选框**　在【画笔笔尖形状】选项右侧的调整区中，【翻转 X】选项为水平翻转，【翻转 Y】选项为垂直翻转。分别启用或者同时启用，其效果各不相同，如图 6-15 所示。

❑ **角度**　【角度】选项是指定椭圆画笔或样本画笔的长轴从水平方向旋转的角度。随着参数不同的变化，画笔会呈现出不同的效果，如图 6-16 所示。

❑ **圆度**　【圆度】选项是指定画笔短轴和长轴之间的比例。100%表示圆形画笔；0%表示线性画笔。介于两者之间的值表示椭圆画笔，如图 6-17 所示。

❑ **间距**　设置间距的百分比，从而改变笔触之间的距离，数值在 1%～1000% 之间设置，如图 6-18 所示。

当目标区域中选择的是新增的画笔笔触形状时，则显示其特有的选项设置——【侵蚀笔尖】选项组。

❑ **柔和度**　该选项控制侵蚀笔尖磨损率，数值在 0%～100% 之间设置，如图 6-19 所示。

❑ **形状**　该选项确定侵蚀笔尖的整体排列，该选项包括 6 个选项，如图 6-20 所示为其中两个选项效果。

❑ **锐化笔尖**　该选项可恢复原始锐利度。

❑ **间距**　设置间距的百分比，从而改变笔触之间的距离，数值在 1%～1000% 之间设置。

当目标区域中选择的是 Photoshop 新增的画笔笔触形状时，则显示其特有的选项设置——【喷枪笔尖】选项组。

❑ **硬度**　该选项用来控制喷枪融合性，硬度越大融合性越小，硬度越小融合性越大，如图 6-21 所示。

图 6-15　翻转复选框

图 6-16　不同角度效果

图 6-17　不同圆度效果

图 6-18　不同间距效果

图 6-19　不同柔和度效果

图 6-20　不同形状效果

图 6-21　不同硬度效果

❑ **扭曲度** 该选项用来控制喷枪形状效果，扭曲度越大变形越大，扭曲度越小变形越小，如图 6-22 所示。

❑ **粒度** 该选项用来控制喷枪颗粒效果，粒度越大颗粒越多，粒度越小颗粒越少，如图 6-23 所示。

图 6-22 不同扭曲度效果

❑ **喷溅大小** 该选项用来控制喷枪大小效果，喷溅越大效果越少，喷溅越小效果越多，如图 6-24 所示。

图 6-23 不同粒度效果

❑ **喷溅量** 该选项用来控制喷溅量多少的效果，喷溅量越大效果越多，喷溅量越小效果越少，如图 6-25 所示。

图 6-24 不同喷溅大小效果

❑ **间距** 设置间距的百分比，从而改变笔触之间的距离，数值在 1%～1000% 之间设置。

图 6-25 不同喷溅量效果

2．形状动态

【形状动态】选项决定描边中画笔笔迹的变化，该变化中不规则的形状是随机生成的。

❑ **渐隐** 该选项是按指定数量的步长在初始直径,和最小直径之间渐隐画笔笔迹的大小。每个步长等于画笔笔尖的一个笔迹，值的范围可以从 1～9999，如图 6-26 所示。

图 6-26 不同渐隐效果

❑ **钢笔压力** 依据钢笔压力位置在初始直径和最小直径之间改变画笔笔迹大小。选择该选项后，需要设置【角度抖动】参数值才会显示出效果，如图 6-27 所示。

图 6-27 不同钢笔压力效果

❑ **角度抖动** 该选项是指定描边中画笔笔迹角度的改变方式，其参数范围是 1%～100%,如图 6-28 所示。

图 6-28 不同角度抖动效果

❑ **圆度抖动** 该选项是指定画笔笔迹的圆度在描边中的改变方式，如图 6-29 所示。

❑ **画笔投影** 该选项是给画笔添加投影的效果，在启用或禁用时得到效果，如图 6-30 所示。

图 6-29 不同圆度抖动效果

3．散布

【散布】选项主要确定描边中笔迹的数目和位置，会产生将笔触分散开的效果。

❑ **散布距离与方向** 该选项指定画笔笔迹在描边中的分布方式以及散布的距离。散布随机性的参数值范围是 0%~1000%，参数值越大，笔尖距原位置越远，如图 6-31 所示。当禁用【两轴】选项时，笔尖垂直于轨迹分布；当启用该选项时，笔尖按径向分布。

图 6-30 启用与禁用画笔投影效果

图 6-31 不同散布距离效果

图 6-32 不同笔尖数量效果

❑ **数量** 该选项是指定在每个间距间隔应用的画笔笔迹数量，其参数值范围是 1~16，如图 6-32 所示。

❑ **数量抖动** 该选项是指定画笔笔迹的数量如何针对各种间距间隔而变，其参数值范围是 0%~100%，如图 6-33 所示。

图 6-33 不同数量抖动效果

4．纹理

纹理画笔利用图案使描边看起来像是在带纹理的画布上绘制的一样。启用面板左侧的【纹理】选项，即可改变笔尖的显示效果，如图 6-34 所示。

> **提 示**
>
> 启用【纹理】选项后，还可以通过右侧的各个选项，来设置图案在笔尖中显示的效果。

5．双重画笔

双重画笔组合两个笔尖来创建画笔笔迹。将在主画笔的画笔描边内应用第二个画笔纹理，并且仅绘制两个画笔描边的交叉区域。

图 6-34 添加纹理效果

方法是选择一个笔尖形状后,启用面板右侧的【双重画笔】选项,在右侧选取器中选择一种笔尖形状后,两种笔尖形状重合,如图 6-35 所示。

在【双重画笔】选项中,可以像设置普通画笔一样,设置第二种笔尖的【大小】、【间距】与【散布】等参数。

6. 颜色动态

【颜色动态】选项决定描边路线中油彩颜色的变化方式,使用该选项可以使画笔产生随机的颜色变化。

方法是设置工具箱中的【前景色】和【背景色】颜色值后,启用【画笔】面板右侧的【颜色动态】选项。在画布中单击并拖动鼠标,即可得到低饱和度的彩色图形,如图 6-36 所示。

【色相抖动】参数指定描边中油彩色相可以改变的百分比,其中较低的值在改变色相的同时,保持接近前景色的色相;较高的值则增大色相间的差异,如图 6-37 所示。

图 6-35 双重画笔效果

图 6-36 启用【颜色动态】选项　　图 6-37 设置【色相抖动】参数

【饱和度抖动】参数是指定描边中油彩饱和度可以改变的百分比。其中,较低的值在改变饱和度的同时保持接近前景色的饱和度;较高的值增大饱和度级别之间的差异,如图 6-38 所示。

【亮度抖动】参数是指定描边中油彩亮度。其中,较低的值在改变亮度的同时保持接近前景色的亮度;较高的值增大亮度级别之间的差异,如图 6-39 所示。

图 6-38 设置【饱和度抖动】参数

第 6 章　绘制与修复图像

123

【纯度】参数能够增大或减小颜色的饱和度，其参数值范围是−100%～100%。如果该值为−100%，则颜色将完全去色；如果该值为 100%，则颜色将完全饱和，如图 6-40 所示。当同时设置这些参数时，能够得到多彩的图形。

图 6-39　设置【亮度抖动】参数　　　　图 6-40　设置【纯度】参数

7. 传递

【传递】选项是确定油彩在描边路线中的改变方式，随机性的改变笔迹不透明度。其中，【不透明度抖动】参数是指定画笔描边中油彩不透明度如何变化；【流量抖动】参数则是指定画笔描边中油彩流量如何变化，如图 6-41 所示。

8. 画笔笔势

画笔笔势掌控光笔倾斜、旋转和压力，选择【画笔笔势】按指定的倾斜、旋转和压力进行绘画。使用光笔可更改默认笔势的相关笔触，或选择【覆盖压力】选项维持静态笔势，如图 6-42 所示。

9. 其他画笔选项

除了上述介绍的之外，还能够设置【杂色】、【湿边】、【建立】、【平滑】和【保护纹理】选项，这些选项没有设置参数。而启用这些选项用于画笔进行描绘时，可以实现各种特殊效果。例如，画笔在宣纸上表现的湿边效果，如图 6-43 所示。

图 6-41　启用并设置
【传递】选项

图 6-42　画笔笔势

图 6-43　启用其他选项

10. 自定义画笔

当面板中的笔触不能满足绘画需要时，可以自定义画笔笔触。通过自定义画笔，能够绘制出无数的定义图案，从而进行再创作。

方法是，首先在画布上绘制图形或图案，执行【编辑】|【定义画笔预设】命令，打开【画笔名称】对话框，在该对话框中为画笔命名，如图 6-44 所示。

这时，就可以通过【画笔】面板中的选项设置，得到各式各样的画笔效果，如图 6-45 所示。

图 6-44　定义画笔　　　　　　　　　　图 6-45　应用自定义画笔效果

6.2　图形编辑工具

在 Photoshop 工具箱中有几组工具是用来编辑与修改图像的，通过对图像像素的更改来提高图像的质量，从而使图像呈现最佳效果。其中包括更改颜色饱和度的工具组、调整图像形状的工具组以及修复图像的工具组等。

6.2.1　颜色工具

工具箱中的颜色工具是用来控制图像特定区域的曝光度和饱和度的，主要包括【减淡工具】、【加深工具】和【海绵工具】。通过这些工具的使用，使制作的图像效果更加丰富。

1. 减淡工具

【减淡工具】主要是改变图像部分区域的曝光度使图像变亮。在工具选项栏【范围】下拉列表中选择【中间调】选项，如图 6-46 所示。适当调整画笔大小，在图像的亮部和反光进行涂抹。

图 6-46　减淡效果

选项栏中的【范围】下拉列表中，包括【阴影】、【中间调】和【高光】3 个选项。选择不同的【范围】选项，会得到不同程度的减淡效果。其中，【阴影】范围中的减淡效果最不明显，如图 6-47 所示。

- ❏ 【阴影】 更改暗区域。
- ❏ 【中间调】 更改灰色的中间范围。
- ❏ 【高光】 更改亮区域。

当启用【喷枪】按钮 ，单击对图像进行减淡时，在没有释放鼠标之前会一直工作。如果禁用该功能，则单击只能工作一次。而【保护色调】选项能够以最小化阴影和高光中的修剪。该选项还可以防止颜色发生色相偏移，如图 6-48 所示。

▶ 图 6-47　【高光】与【阴影】范围的减淡效果

▶ 图 6-48　启用与禁用【保护色调】选项

提 示

在其他选项相同的情况下，【曝光度】参数值设置越大，绘制减淡的力度越大，图像的亮度越高。

2．加深工具

【加深工具】 同样是改变图像部分区域的曝光度，但是它与【减淡工具】 刚好相反。通过【加深工具】 的处理，可以使图像变暗，如图 6-49 所示。

▶ 图 6-49　加深效果

3．海绵工具

【海绵工具】 可以精确地更改区域的色彩饱和度。它主要的功能是对图像加色和去色，从而对图像进行调整。在工具选项栏【模式】下拉列表中选择【饱和】选项，提高图像的饱和度，如图 6-50 所示。

在【海绵工具】 工具选项栏【模式】下拉列表中选择【降低饱和度】选项，可以降低图像的饱和度，最终可以将颜色全部去除（相当于饱和度的数值为 0），如图 6-51 所示。

▶ 图 6-50　提高图像饱和度

▶ 图 6-51　降低图像饱和度

要想在自然的情况下，对图像进行提高或者降低饱和度效果，可以在选择【海绵工具】后，启用【自然饱和度】选项。

6.2.2 特效工具

在处理图像时，为了主次分明会使主题图像更加清晰，而背景图像相对模糊。这时就可以使用工具箱中的特效工具，如【模糊工具】、【锐化工具】或者【涂抹工具】。

1. 模糊工具

【模糊工具】可以柔化硬边缘或减少图像中的细节。它的工作原理是降低图像相邻像素之间的反差，使图像的边界区域变得柔和，产生一种模糊的效果，如图 6-52 所示。

2. 锐化工具

【锐化工具】与【模糊工具】刚好相反，它是增大图像相邻像素间的反差，从而使图像看起来更清晰、明了，如图 6-53 所示。

3. 涂抹工具

【涂抹工具】模拟将手指拖过湿油漆时所看到的效果。该工具可拾取描边开始位置的颜色，并沿拖移的方向展开这种颜色，如图 6-54 所示。

在【涂抹工具】工具选项栏中，除【模糊工具】选项栏的选项以外，还增加了一个【手指绘画】复选框。当启用【手指绘画】复选框时，可使用每个描边起点处的前景色进行涂抹。如果禁用该复选框，【涂抹工具】会使用每个描边的起点处指针所指的颜色进行涂抹，如图 6-55 所示。

图 6-52　模糊图像

图 6-53　锐化图像

图 6-54　涂抹图像

图 6-55　启用【手指绘画】选项

6.2.3 图章工具

在修复图像工具中,【仿制图章工具】█和【图案图章工具】█都是利用图章工具进行绘画。其中,前者是利用图像中某一特定区域工作;后者是利用图案工作。

1. 仿制图章工具

【仿制图章工具】█类似于一个带有扫描和复印作用的多功能工具,它能够按涂抹的范围复制全部或者部分到一个新的图像中,它可创建出与原图像完全相同的图像。方法是选择【仿制图章工具】█后,按住 Alt 键在图像的某个位置单击,进行取样,如图 6-56 所示。

图 6-56 进行取样

然后将光标指向其他区域时,光标中会显示取样的图像。进行涂抹时,能够按照取样源的图像进行复制图像,如图 6-57 所示。

工具选项栏中的【对齐】选项是用来控制像素取样的连续性。当启用该选项后,即使释放鼠标,也不会丢失当前取样点,可以连续对像素进行取样,如图 6-58 所示。

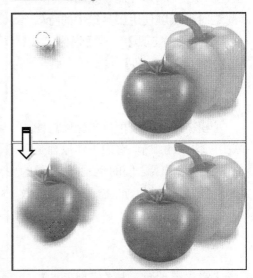

图 6-57 复制图像

如果禁用【对齐】选项,则会在每次停止并重新开始绘制时,使用初始取样点中的样本像素,如图 6-59 所示。

图 6-58 启用【对齐】选项

图 6-59 禁用【对齐】选项

2.【仿制源】面板

【仿制源】面板具有用于仿制图章工具或修复画笔工具的选项。通过面板选项设置,可以设置 5 个不同的样本源并快速选择所需的样本源,而不用在每次需要更改为不同的样本源时重新取样。

在默认情况下,面板中第一个【仿制源】选项被启用,并且呈现"未使用"状态。

当使用【仿制图章工具】 ▲进行取样后，该选项将显示样本所在的文档以及图层名称，如图 6-60 所示。

接着启用第二个【仿制源】选项为其他图像进行取样，从而显示该样本所在文档以及图层的名称，如图 6-61 所示。这时，在面板中启用不同的【仿制源】选项，即可根据不同的样本进行复制。

图 6-60　设置第一个仿制源　　　　图 6-61　设置第二个仿制源

【仿制源】面板中的各个选项，既能够查看样本源的叠加，以便在特定位置仿制源，又可以缩放或旋转样本源，以更好地匹配仿制目标的大小和方向，如图 6-62 所示。

3. 图案图章工具

【图案图章工具】 ▲可以利用图案进行绘画。选择该工具后，单击工具选项栏中的【图案】拾色器。在弹出的对话框中，可以选择各种图案。然后在画布中涂抹，即可填充图案，如图 6-63 所示。

图 6-62　复制不同方向的图像

在【图案图章工具】 ▲选项栏中，启用【印象派效果】选项后，可使仿制的图案产生涂抹混合的效果，如图 6-64 所示。

图 6-63　图案图章效果　　　　图 6-64　启用【印象派效果】选项

6.2.4　修复工具

修复工具具有一个共同点，就是把样本像素的纹理、光照、透明度和阴影与所修复的像素相匹配。而使用复制的方法或使用仿制图章工具，则不能实现其效果。修复工具组中包括【修复画笔工具】、【污点修复画笔工具】、【修补工具】、【内容感知移动工具】和【红眼工具】。

1. 修复画笔工具

【修复画笔工具】可用于校正瑕疵，使它们消失在周围的图像中。与仿制工具一样，使用【修复画笔工具】可以利用图像或图案中的样本像素来绘画。该工具的特点是能够将样本像素的纹理、光照、透明度和阴影与所修复的像素进行匹配。

选择【修复画笔工具】，在工具选项栏中启用【取样】选项。在人物脸部区域按住 Alt 键单击进行取样，然后单击瑕疵部分即可去除瑕疵，如图 6-65 所示。

图 6-65　去除瑕疵

当启用工具选项栏中的【图案】选项后，【图案】拾色器变为可用状态。选择一个图案后，即可在画布中添加该图案。只是填充后的图案边缘会与原图像的纹理相融合，如图 6-66 所示。

2. 污点修复画笔工具

【污点修复画笔工具】与【修复画笔工具】的工作原理类似，前者可以快速移去照片中的污点和其他不理想部分。该工具的特点是不要求指定样本点，它将自动从所修饰区域的周围取样。方法是选择该工具后，适当调整画笔大小，在人物斑点处单击即可去除斑点，如图 6-67 所示。

图 6-66　填充图案

提　示

工具选项栏中的【类型】选项，可控制修复后的图像效果。其中，【近似匹配】选项能够使用选区边缘周围的像素来查找要用作选定区域修补的图像区域；【创建纹理】选项能够使用选区中的所有像素创建一个用于修复该区域的纹理。

图 6-67　去除斑点

3．修补工具

【修补工具】![icon]可以使用当前打开文档中的像素来修复选中的区域，与其他修复工具原理相似。将样本像素的纹理、光照和阴影与源像素进行匹配，还可以使用该工具来仿制图像的隔离区域。

与其他修复工具不同的是，【修补工具】![icon]在修补图像时，首先需要创建选区，通过调整选区图像实现修补效果。方法是选择该工具后，启用工具选项栏中的【源】选项。在瑕疵区域建立选区后，单击并拖动选区至完好区域。释放鼠标后，原来选中的区域被指向的区域像素替换，如图 6-68 所示。

图 6-68　修补图像

如果启用选项栏中的【目标】选项，就要实施相反的操作，先在图像找一个"干净"的区域建立选区，然后像打补丁一样拖动选区到有"污渍的部分"覆盖该区域。

当禁用【透明】选项时，会将选中的目标样本修复源样本；要是启用选项栏中的选项，会使源对象与目标图像生成混合图像，如图 6-69 所示。

图 6-69　启用【透明】选项

4．内容感知移动工具

使用【内容感知移动工具】![icon]可在无须复杂图层或慢速精确地选择选区的情况下快速地重构图像。扩展模式可对头发、树或建筑等对象进行扩展或收缩，效果令人信服。移动模式支持将对象置于完全不同的位置中。

【内容感知移动工具】![icon]只是将平时常用的通过图层和图章工具修改照片内容的形式给予了最大的简化，在实际操作时只需通过简单的选区然后通过简单的移动便可以将景物的位置随意更改，这一点是以往任何版本 Photoshop 不具备的优势。所以，合理地利用好【内容感知移动工具】可以大大提高照片编辑的效率，如图 6-70 所示。

5．红眼工具

【红眼工具】![icon]可以去除闪光灯拍摄的人物照片中的红眼。它的工作原理是去除图像中红色像素。它不但可以去除百分百的红色，而且只要图像中存在红色像素，使用【红眼工具】![icon]就可以将该图像中一定范围的红色去除。

【红眼工具】 ⚬ 的使用方法非常简单，打开一张红眼图片，并选择该工具。将光标移动至红眼区域，单击即可消除红眼现象，如图6-71所示。

在该工具的选项栏中，【瞳孔大小】参数栏可增大或减小受红眼工具影响的区域；【变暗量】参数栏用于设置校正的暗度。

> **注意**
>
> 红眼是由于相机闪光灯在主体视网膜上反光引起的。在光线暗淡的房间里照相时，由于主体的虹膜张开得很宽，将会更加频繁地看到红眼。为了避免红眼，可以使用相机的红眼消除功能。或者最好使用可安装在相机上远离相机镜头位置的独立闪光装置。

6.2.5 擦除工具

擦除工具主要包括【橡皮擦工具】 ✎、【背景橡皮擦工具】 ✎ 和【魔术橡皮擦工具】 ✎ 等，它们的主要作用是修改图像中出错的区域。

图 6-70 使用【内容感知移动工具】

1. 橡皮擦工具

【橡皮擦工具】 ✎ 可以更改图像中的像素。如果在背景图层锁定的情况下进行工作，那么使用【橡皮擦工具】 ✎ 擦除后将填充为背景色，如图6-72所示。

如果图层为普通图层，则橡皮擦除的为透明像素。如图6-73所示为使用【橡皮擦工具】 ✎ 将"图层1"部分区域擦除为透明像素的效果。

图 6-71 消除红眼

图 6-72 擦除后填充为背景色

图 6-73 擦除普通图层

Photoshop CC 图像处理标准教程

2. 背景橡皮擦工具

【背景橡皮擦工具】 可以将图层上的像素抹成透明,从而可以在抹除背景的同时在前景中保留对象的边缘,如图 6-74 所示。在工具选项栏中打开【画笔预设】选取器,在选取器中,用户可以设置画笔的直径【大小】、【硬度】、【间距】、【角度】和【圆度】等参数。

图 6-74　背景橡皮擦工具

在【背景橡皮擦工具】 选项栏中,当用户启用【保护前景色】复选框时,在擦除图像时,与用户所设置的前景色颜色相同的,将不被擦除,如图 6-75 所示。

图 6-75　保护前景色

3. 魔术橡皮擦工具

【魔术橡皮擦工具】 在图层中单击时,该工具会自动更改所有相似的像素,将擦除为透明,如图 6-76 所示。

图 6-76　擦除同颜色图像

6.3　填充效果

在 Photoshop 中有两种填充工具,它们分别是【渐变工具】 和【油漆桶工具】 。它们的主要作用是赋予物体颜色。通过对物体颜色的填充,使物体更加生动,从而给人以视觉享受。

6.3.1　单色填充

【油漆桶工具】 是进行单色填充和图案填充的专用工具,与【填充】命令相似。

方法是选择【油漆桶工具】🖌后,在工具选项栏中,选择【填充区域的源】选项。然后在画布中单击,即可得到填充效果,如图 6-77 所示。

当启用工具选项栏中的【所有图层】选项后,可以编辑多个图层中的图像;禁用该选项后,只能编辑当前的工作图层,如图 6-78 所示。

6.3.2 渐变填充

【渐变工具】🔲可以创建两种或者两种以上颜色间的逐渐混合。也就是说,可以用多种颜色过渡的混合色填充图像的某一选定区域或当前图层上的整个图像。

一般情况下,单击【渐变工具】🔲,在工具选项栏中显示渐变工具参数,在此设置参数。在图像中按下鼠标并拖动,当拖动至另一位置后释放鼠标即可在图像(或者选取范围)中填入渐变颜色,如图 6-79 所示。

技 巧

填充颜色时,若按下 Shift 键,则可以按 45°、水平或垂直的方向填充颜色。此外,填充颜色时的距离越长,两种颜色间的过渡效果就越平顺。拖动的方向不同,其填充后的效果也将不同。

📷 图 6-77　填充单色与图案

📷 图 6-78　禁用与启用【所有图层】选项

1. 工具选项栏

在【渐变工具】选项栏中包含有多项参数选项。可以看到【线性渐变】🔲、【径向渐变】🔲、【角度渐变】🔲、【对称渐变】🔲和【菱形渐变】🔲5 种渐变图标,分别选择这 5 种图标可以创建出 5 种渐变样式,即可以完成 5 种不同效果的渐变填充,如图 6-80 所示。

📷 图 6-79　创建渐变

📷 图 6-80　渐变样式

它们的功能如表 6-1 所示。

表 6-1   渐变样式功能

名 称	图标	功 能
线性渐变	▤	在所选择的开始和结束位置之间产生一定范围内的线性颜色渐变
径向渐变	▣	在中心点产生同心的渐变色带。拖动的起始点定义在图像的中心点,释放鼠标的位置定义在图像的边缘
角度渐变	◣	根据鼠标的拖动,顺时针产生渐变的颜色,这种样式通常称为锥形渐变
菱形渐变	▦	创建一系列的同心钻石状(如果进行垂直或水平拖动)或同心方状(如果进行交叉拖动),其工作原理和【径向渐变】▣一样
对称渐变	▤	当用户由起始点到终止点创建渐变时,对称渐变会以起始点为中线再向反方向创建渐变

在工具选项栏中,还包括【模式】下拉列表框、【不透明度】文本框、【反向】复选框、【仿色】复选框和【透明区域】复选框。其中前两者与【画笔工具】中的相似,而【仿色】是用递色法来表现中间色调,使渐变效果更加平顺;启用【透明区域】将打开透明蒙版功能,在填充渐变颜色时,可以应用透明设置。

2.【渐变编辑器】对话框

除了可以使用系统默认的渐变颜色填充以外,还可以自定义渐变颜色来创建渐变效果,这需要认识【渐变编辑器】。在【渐变工具】选项栏中单击渐变条,即可打开该对话框,如图 6-81 所示。其中 A 为面板菜单;B 为不透明度色标;C 为调整值或删除选中的不透明度或色标;D 为中点;E 为色标;F 为色标颜色或位置的调整。

3. 渐变类型

通过【渐变编辑器】对话框,可以设置两种类型的渐变,它们分别是【实底】渐变和【杂色】渐变。上面所介绍的渐变均为【实底】渐变。下面介绍【杂色】渐变的相关知识。

在【渐变编辑器】对话框【渐变类型】下拉列表中选择【杂色】渐变。用户可以看到,渐变条上没有色标可以调节了,取而代之的是颜色模型选项,共有 3 种选项:RGB、HSB 和 Lab,如图 6-82 所示。

图 6-81   【渐变编辑器】对话框

图 6-82   选择【杂色】渐变类型

在【杂色】渐变类型下，还可以通过在【选项】区域中，启用相关选项，来设置不同的效果，共有三个选项，分别为【限制颜色】复选框、【增加透明度】复选框与【随机化】按钮。其中前者复选框将会把渐变条上的颜色值减去一半；启用复选框渐变条会呈现 50% 透明的状态；而单击【随机化】按钮将随机出现各种渐变条。

6.4　课堂练习：绘制梅花

本实例将绘制一幅梅花图像，效果如图 6-83 所示。在绘制的过程中，通过利用【画笔工具】☑️，绘制梅花的枝干。选择【旋转画笔 20 像素】画笔，并设置不同的画笔大小，绘制出有层次感的梅花，再添加花蕊。最后，利用【混合器画笔工具】☑️，书写字体，导入印章素材，完成梅花的绘制。

📄 **图 6-83** 　绘制梅花

操作步骤：

1 新建 1000 像素×535 像素的空白文档，命名为"绘制梅花"。在工具箱中单击【画笔工具】按钮，新建图层，设置前景色为"黑色"，如图 6-84 所示。

📄 **图 6-84** 　新建图层

2 在【画笔】面板中，选择【深描水彩笔】样式，并设置画笔【大小】为 90 像素，在画布中绘制梅花的枝干，如图 6-85 所示。

图 6-85 绘制枝干

3 使用相同的画笔，分别调整画笔的大小，绘制出梅花的其他枝干部分，如图 6-86 所示。

图 6-86 绘制梅花枝干的其他部分

4 新建图层，使用相同的画笔工具，调整适当的大小，沿枝干边缘绘制细节，使枝干更有苍劲感，如图 6-87 所示。

图 6-87 绘制枝干细节

5 在【画笔】面板中，选择【轻微不透明度水彩笔】，设置前景色为#6B6C66，在工具选项栏中，设置画笔的【不透明度】为 30%，在画布中沿枝条涂抹，突出明暗关系，如图 6-88 所示。

图 6-88 绘制枝干的亮部

6 打开【画笔】面板，载入"自然画笔 2"，选择【旋转画笔 20 像素】样式。新建图层，设置前景色为#FC0516，设置不同的画笔大小，绘制梅花图像，如图 6-89 所示。

图 6-89 绘制梅花

提 示

在工具选项栏中，设置画笔的【不透明度】和【流量】均为 50%，在画布中单击可绘制花瓣。在同一地方单击多次，可绘制颜色较深的梅花。

7 新建图层，设置前景色为#F2E961。在【画笔】面板中选择【铅笔-细】画笔样式，设

置【控制】为【渐隐】，参数为 25，绘制渐
隐效果的花蕊，如图 6-90 所示。

图 6-90　绘制花蕊

8　在所有图层的最上方新建图层，按快捷
键 Ctrl+Alt+Shift+E 盖印图层。导入"画轴"
素材，放在所有图层的最下方，如图 6-91
所示。

图 6-91　导入画轴素材

提　示

在【图层】面板中新建名为"梅花"的图层组，
将梅花的所有图层拖至该图层组中，并隐藏该
图层组，只显示画轴和盖印的梅图层。

9　选择"梅花"图层，按快捷键 Ctrl+J 将其复
制一层。执行【编辑】|【变换】|【水平翻
转】命令，将图像水平翻转，如图 6-92 所示。

图 6-92　水平翻转图像

提　示

将图像水平翻转后，按快捷键 Ctrl+T 将图像
等比例缩小，设置等比例缩放为 70％。

10　新建图层，在工具栏中选择【混合器画笔工
具】，在工具选项栏中设置画笔组合为
【非常潮湿，深混合】，在画布中书写"梅"
字，如图 6-93 所示。

图 6-93　书写"梅"字

提　示

在工具选项栏中，选择画笔类型为【中号湿边
油彩笔】，设置大小为 74 像素。

11　再导入印章素材，将其放到合适的位置。最
后，保存文件，完成梅花的绘制，如图 6-94
所示。

图 6-94　导入印章素材

6.5 课堂练习：修饰美女照片

本实例将修饰美女脸部的斑点以及眼袋等细节，如图 6-95 所示。在制作的过程中，通过利用【修补工具】██，去除美女脸部的雀斑，再利用【仿制图章工具】██去除眼袋，修饰眼部。最后，修饰脸部的细节，完成美女照片的修饰。

图 6-95 修饰美女照片

操作步骤：

1. 新建 1467 像素×1200 像素的空白文档，导入背景素材。将背景素材拖入该文档中，并按快捷键 Ctrl+J 复制背景素材，如图 6-96 所示。

图 6-96 复制图层

2. 隐藏"图层 1"，显示"图层 1 副本"图层。在工具箱中选择【椭圆形选框工具】██，在画布上绘制选区，如图 6-97 所示。

图 6-97 绘制椭圆

注 意

绘制的选区不要太大，框选一处雀斑即可，绘制的圆太大，处理的人物容易失真。

3. 在工具箱中选择【修补工具】██，拖动选区到右侧没有雀斑的地方，即可去除雀斑，如图 6-98 所示。

图 6-98 去除脸部的雀斑

技 巧

直接使用【修补工具】██也可以绘制选区，如图 6-98 所示为选择修补的"目标"，在人物的脸部没有雀斑的地方绘制选区，使用【修补工具】██将选区拖向有雀斑的地方，即可去除雀斑。

4. 按照相同的方法，一次绘制椭圆选区，并使用【修补工具】██去除人物脸部的雀斑，如图 6-99 所示。

图 6-99 去除脸部其他雀斑

注 意

在使用【修补工具】🔲时，拖动选区，应该拖动到与所选皮肤相似的脸部区域，这样修饰出的效果更真实。

5 在工具箱中，选择【仿制图章工具】🔲，设置半径为 30 像素，【不透明度】为 70%。按住 Alt 键在人物的左眼角单击，定义取样点，如图 6-100 所示。

单击

图 6-100 定义取样点

6 在眼睛下侧的皱纹、眼袋上拖动鼠标，去除这些内容。分别调整半径大小以及选择不同的取样点，如图 6-101 所示。

图 6-101 去除眼袋及皱纹

7 按照相同的方法，使用【仿制图章工具】🔲去除右眼下侧的皱纹以及眼袋。再使用【修补工具】🔲修饰脸部的细节部分，完成美女照片的修饰，如图 6-102 所示。

图 6-102 修饰右眼

6.6 思考与练习

一、填空题

1．画笔根据笔触类型，可以分为三种，分别是_____、软边画笔和_____。

2．_____可以模拟真实的绘画技术，如混合画布上的颜色、组合画笔上的颜色以及在描边过程中使用不同的绘画湿度。

3．定义特殊画笔时，只能定义【_____】，而不能定义画笔颜色。

4．擦除工具组包括三种工具，分别为_____、【背景擦除工具】和【_____】。

5．修复工具组包括 4 种用于修复图像的工具,分别为【修复画笔工具】、【_____】、【修补工具】和【_____】。

二、选择题

1. 在下面工具中,_____工具不属于绘图工具图标。

A. 　　B.
C. 　　D.

2.【混合器画笔工具】工具选项栏中,不包含【_____】选项。

A. 不透明度　　B. 潮湿
C. 流量　　D. 混合

3. 使用【背景橡皮擦工具】擦除图像后,前背景颜色将变为_____。

A. 白色
B. 透明色
C. 与当前背景颜色相同
D. 以上都不对

4.【红眼工具】选项栏的参数中,包括下面【_____】参数选项。

A. 流量　　B. 取样
C. 模式　　D. 变暗量

5. 使用【油漆桶工具】不能填充_____。

A. 前景色　　B. 单色
C. 图案　　D. 内容识别

三、问答题

1. 混合器画笔工具主要是用来做什么的?

2. 如何自定义画笔?

3.【污点修复画笔工具】与【修复画笔工具】有什么区别?

4. 简述【渐变工具】与【油漆桶工具】的区别。

5. 渐变填充包括哪几种类型?

四、上机练习

1. 制作烛光效果

画笔是一个神奇的工具,只要在【画笔】面板选择不同的形状,并设置不同的参数,就可以制作出不同的效果,如绒花、星光、烛光等。如图 6-103 所示的图像就是通过画笔制作出的烛光效果。

🔘 **图 6-103** 烛光效果

2. 裁切图像

对于画布中存在空白区域的图像,可以通过【裁切】命令,直接将其删除,从而使图像填充整个画布。方法是在打开图像文档后,执行【图像】|【裁切】命令,启用【裁切】选项组中的所有选项,单击【确定】按钮,即可将画布中的空白区域至画布中裁切掉,如图 6-104 所示。

🔘 **图 6-104** 裁切图像

第 7 章

路径效果

Photoshop 以编辑和处理位图著称，它也具有矢量图形软件的某些功能，它可以使用路径功能对图像进行编辑和处理。该功能主要用于对图像进行区域以及辅助抠图、绘制光滑和精细的图形、定义画笔等工具的绘制痕迹以及输出输入路径与选区之间的转换等领域。

在本章中，将详细讲解路径功能及工具的操作与编辑技巧。通过学习本章内容，读者可以掌握各种路径工具的选项设置以及使用方法，灵活运用路径工具绘制和调整各种矢量形状、路径，实现编辑位图图像的最终目的。

本章学习要点：

➢ 了解路径
➢ 创建路径
➢ 编辑路径
➢ 应用路径

7.1 认识的路径

  路径是位图编辑软件中的矢量工具，使用路径中的各种工具能够创建出可以任意放大与缩小的矢量路径，不仅能够绘制出各种形状的图形，还可以为轮廓复杂的图像创建路径边缘。

7.1.1 路径的概念

  所有使用矢量绘制软件或矢量绘制工具制作的线条，原则上都可以成为路径。它是基于贝赛尔曲线所构成的直线段或曲线段，在缩放或变形后仍能保持平滑效果。

1. 路径

  路径分为开放的路径和封闭的路径。路径中每段线条开始和结束的点称为锚点，选中的锚点显示一条或两条控制柄，可以通过改变控制柄的方向和位置来修改路径的形状。两个直线段间的锚点没有控制柄，如图 7-1 所示。

图 7-1 路径与锚点

2. 贝赛尔曲线

  一条贝赛尔曲线是由 4 个点定义的，其中 P0 和 P3 定义曲线的起点和终点，又称为节点。P1 和 P2 用来调节曲率的控制点，如图 7-2 所示。一般可以通过调节节点和控制曲率来满足实际需要。

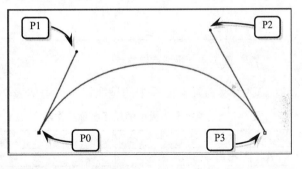

图 7-2 贝塞尔曲线

> **提 示**
>
> "贝赛尔曲线"是由法国数学家 Pierre Bezier 所构造的一种以"无穷相近"为基础的参数曲线，它为计算机矢量图形学奠定了基础。它的主要意义在于无论是直线或曲线都能在数学上予以描述，使得设计师在计算机上绘制曲线就像使用常规作图工具一样得心应手。

  通常情况下，仅由一条贝赛尔曲线往往不足以表达复杂的曲线区域。在 Photoshop 中，为了构造出复杂的曲线，往往使用贝赛尔曲线组的方法来完成，即将一段贝赛尔曲线首尾进行相互连接，如图 7-3 所示。

> **提 示**
>
> 路径不必是由一系列线段连接起来的一个整体。它可以包含多个彼此完全不同而且相互独立的路径组件。

3. 平滑点和角点

锚点分为平滑点和角点。平滑点是指临近的两条曲线是平滑曲线，它位于线段中央，当移动平滑点的一条控制柄时，将同时调整该点两侧的曲线段。两条曲线路径相接为尖锐的曲线路径时，相接处的锚点称为角点。例如，直线段与曲线段相接处的锚点就是角点。当移动角点的一条控制柄时，只调整与控制柄同侧的曲线段，如图7-4所示。

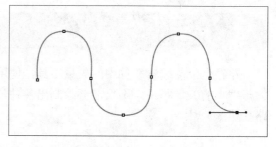

图7-3　曲线路径

7.1.2　【路径】面板

在 Photoshop 中绘制的路径，将显示在【路径】面板中，而创建的路径则能够临时存储在【路径】面板中，如图7-5所示。

图7-4　平滑点与角点

图7-5　【路径】面板

其中，【路径】面板中的按钮以及作用如表7-1所示。

表7-1　【路径】面板中的按钮名称及作用

序号	名　称	图标	作　用
A	用前景色填充路径	●	单击该按钮能够在路径中填充前景色
B	用画笔描边路径	○	单击该按钮能够使用当前画笔样式进行描边
C	将路径作为选区载入	⬚	单击该按钮能够将路径转换为选区
D	从选区生成工作路径	◇	单击该按钮能够将现有的选区转换为路径
E	添加图层蒙版	▣	单击该按钮能够为路径添加图层蒙版
F	创建新路径	▭	单击该按钮能够创建新的空白路径
G	删除当前路径	🗑	单击该按钮能够将选中的路径删除

直接在画布中创建路径后，【路径】面板中会自动创建一个临时的"工作路径"。当双击该"工作路径"后，在弹出的【存储路径】对话框中，直接单击【确定】按钮，即可将临时路径存储为永久路径，如图7-6所示。

提　示

临时"工作路径"在关闭当前文档后就会被删除。只有将其转换为普通路径，才能够永久保存。

图7-6　保存路径

7.2 创建自由路径

　　路径是一些矢量式的线条，因此无论图像缩小或放大，都不会影响它的分辨率或是平滑度。所以路径也是绘制图像的工具之一，并且是勾勒图像轮廓的最佳工具。而工具箱中的【钢笔工具】 与【自由钢笔工具】 可以创建任何想要的图像轮廓。

7.2.1 钢笔工具

　　【钢笔工具】 是建立路径的基本工具，使用该工具可以创建直线路径和曲线路径，还可以创建封闭式路径。

1. 创建直线路径

　　在空白画布中，选择工具箱中的【钢笔工具】 ，启用工具选项栏中的【路径】功能。在画布中连续单击，即可创建直线段路径，而【路径】面板中出现"工作路径"，如图 7-7 所示。

图 7-7　绘制直线路径

2. 创建曲线路径

　　曲线路径是通过单击并拖动来创建的。方法是使用【钢笔工具】 在画布中单击 A 点，然后到 B 点单击并同时拖动，释放鼠标后即可建立曲线路径，如图 7-8 所示。

图 7-8　绘制曲线路径

3. 创建封闭式路径

　　使用【钢笔工具】 在画布中单击 A 点作为起始点，然后分别单击 B 点和 C 点后，指向起始点（A 点），这时钢笔工具指针右下方会出现一个小圆圈。单击后形成封闭式路径，如图 7-9 所示。

技　巧

当启用工具选项栏中的【橡皮带】选项时，可以在移动指针时预览两次单击之间的路径段。而无论是直线路径，还是曲线路径，使用相同的方法均能够创建封闭式路径。

图 7-9　绘制封闭路径

7.2.2 自由钢笔工具

　　【自由钢笔工具】 不是通过设置节点来建立路径的，而是通过自由手绘曲线建立路径的，如水波纹等曲线路径，如图 7-10 所示。

在【自由钢笔工具】选项栏中，单击【几何选项】按钮，在弹出的选项面板中，【曲线拟合】选项是用来控制自动添加锚点的数量，其参数范围为 0.5～10 像素。参数值越高，创建的路径锚点越少，路径越简单，如图 7-11 所示。

图 7-10　绘制自由路径

图 7-11　设置【曲线拟合】选项

7.3　创建形状路径

在 Photoshop 中，【钢笔工具】是最直接、也最复杂的路径创建工具。因为使用该工具能够一次性得到想要的路径效果，但是在创建过程中则需要同时进行编辑。而现有的几何与预设的形状路径工具，则能够更简单地创建出想要的路径效果。

7.3.1　几何图形路径

常见的几种几何图形，在 Photoshop 工具箱中均能够找到现有的工具。通过设置每个工具中的参数，还可以变换出不同的效果。

1. 矩形与圆角矩形路径

使用【矩形工具】可以绘制矩形、正方形的路径。其方法是选择【矩形工具】，在画布任意位置单击作为起始点，同时拖动鼠标，随着光标的移动将出现一个矩形框，如图 7-12 所示。

图 7-12　绘制矩形路径

在【矩形工具】选项栏上单击【几何选项】按钮，弹出一个选项面板。默认启用的是【不受约束】选项，而其他选项如下。

❏ 方形　启用该选项后，在绘制矩形路径时，可以绘制正方形路径，如图 7-13 所示。

图 7-13　绘制正方形路径

- ❏ **固定大小** 启用该选项，可以激活右侧的参数栏。在参数栏文本框中输入相应的数值，能够绘制出固定大小的矩形路径，如图 7-14 所示。

- ❏ **比例** 启用该选项，能够在激活的右侧参数文本框中输入相应的数值，来控制矩形路径的比例大小。

- ❏ **从中心** 启用该选项，可以绘制以起点为中心的矩形路径。

- ❏ **对齐像素** 启用该选项，在绘制矩形路径时，路径会以每个像素为边缘进行建立。

【圆角矩形工具】 能够绘制出具有圆角的矩形路径。该工具选项与【矩形工具】 唯一的不同就是前者具有【半径】选项。

图 7-14　绘制固定尺寸矩形路径

图 7-15　绘制圆角矩形路径

【半径】选项默认的参数值为 10 像素，其参数值范围为 0～1000 像素。通过设置半径的大小，可以绘制出不同的圆角矩形路径，如图 7-15 所示。而在圆角矩形选项栏中，设置越来越大的半径数值，得到的圆角矩形越接近正圆。

2. 椭圆路径

【椭圆工具】 用于建立椭圆（包括正圆）的路径。其方法是选择该工具，在画布任意位置单击，同时拖动鼠标，随着光标的移动出现一个椭圆形路径，如图 7-16 所示。

3. 多边形路径

【多边形工具】 能够绘制等边多边形，如等边三角形、五角星和星形等。Photoshop默认的多边形边数为 5，只要在画布中单击并拖动鼠标，即可创建等边五边形路径，如图 7-17 所示。

图 7-16　绘制椭圆路径

图 7-17　绘制五边形路径

在该工具选项栏中，可以设置多边形的边数，其范围是 3～100。多边形边数越大，越接近于正圆，如图 7-18 所示。

单击该工具选项栏中的【几何选项】 按
钮，在弹出的面板中，可以设置各种选项参数，
以建立不同效果的多边形路径。

- ❑ **半径** 通过设置该选项，可以固定所绘
  制多边形路径的大小，参数范围是 1～
  150000 像素，如图 7-19 所示。
- ❑ **平滑拐角** 用平滑拐角渲染多边形，如
  图 7-20 所示。
- ❑ **星形** 启用该选项，能够绘制星形的多
  边形，如图 7-21 所示。

4．直线路径

【直线工具】 既可以绘制直线路径，也
可以绘制箭头路径。直线路径的绘制方法与矩
形路径相似，只要选中该工具后，在画布中单
击并拖动鼠标即可。而直线路径的粗细则是通
过选项栏中的【粗细】选项来决定的，如图 7-22
所示。

图 7-18　绘制多边形路径

图 7-19　设置【半径】选项

图 7-20　禁用与启用【平滑拐角】选项　　图 7-21　不同星形形状

打开该工具的选项面板，其中的选项能够设置直线的不同箭头效果。其中，绘制直
线路径时，同时按住 Shift 键可以绘制出水平、垂直或者 45°的直线路径。

- ❑ **起点与终点** 启用不同的选项，箭头出现在直线的相应位置，如图 7-23 所示。

图 7-22　绘制直线路径

图 7-23　设置【起点】与【终点】选项

❑ **宽度** 该选项是用来设置箭头的宽度，其范围是 10%～1000%，如图 7-24 所示。

❑ **长度** 该选项是用来设置箭头的长度，其范围是 10%～5000%，如图 7-25 所示。

❑ **凹度** 该选项是用来设置箭头的凹度，其范围是–50%～50%，如图 7-26 所示。

图 7-24　设置【宽度】选项

图 7-25　设置【长度】选项

图 7-26　设置【凹度】选项

7.3.2　形状路径

要想建立几何路径以外的复杂路径，可以使用工具箱中的【自定形状工具】。在 Photoshop 中大约包含二百五十多种形状可供选择，包括星星、脚印与花朵等各种符号化的形状。当然，用户也可以自定义喜欢的图像为形状路径，以方便重复使用。

图 7-27　绘制自由形状路径

1．预设形状路径

选择【自定形状工具】，在工具选项栏中单击【形状】右侧的下三角按钮。在打开的【定义形状】拾色器中，选择形状图案，即可在画布中建立该图案的路径，如图 7-27 所示。

单击拾色器右上角的小三角按钮，在打开的关联菜单中，既可以设置图案的显示方式，也可以载入预设的图案形状，如图 7-28 所示。

图 7-28　载入预设图案

提 示

在关联菜单中，通过选择【载入形状】命令，能够将外部的形状路径导入 Photoshop 中；还可以通过选择【复位形状】命令，还原【定义形状】拾色器中的形状。

2．自定义形状路径

如果不满意 Photoshop 中自带的形状，还可以将自己绘制的路径保存为自定义形状，方便重复使用。

方法是在画布中创建路径后，执行【编辑】|【定义自定形状】命令，在【形状名称】对话框中直接单击【确定】按钮，即可将其保存到【自定形状】拾色器中，如图 7-29 所示。

选择【自定形状工具】后，在【自定形状】拾色器中选择定义好的形状，即可建立该形状的路径，如图 7-30 所示。

图 7-29　保存自定形状路径

7.3.3　路径形状属性

Photoshop CC 中的矩形、圆角矩形与椭圆形状对象的基本属性，能在【属性】面板中设置，如图 7-31 所示为【属性】面板。其中，矩形形状与圆角矩形形状对象的基本属性完全一致，特别是角半径属性的设置，能够在矩形与圆角矩形之间转换。

1．尺寸与坐标

图 7-30　创建自定形状路径

形状对象在画布中绘制，并使用【路径选择工具】选择该对象后，即可在【属性】面板中显示其基本属性。其中，【尺寸】与【坐标】属性是用来设置形状对象的大小与所在位置。

通过更改【属性】面板中的【坐标】选项，能够将形状对象显示在画布的不同区域，如图 7-32 所示。

图 7-31　【属性】面板

图 7-32　设置【坐标】选项

【属性】面板中的【尺寸】选项，既能够进行成比例设置，也能够进行非比例设置。如图 7-33 所示分别为成比例缩小以及宽度缩小设置。

2．填充与描边

在【属性】面板中，不仅能够设置形状对象的填充颜色与描边颜色，还能够设置描边宽度与描边样式。

单击该面板中的【设置形状填充类型】色块，在弹出的面板中填充类型分为无填充、黑色填充、黑白渐变填充与图案填充。其中单色填充不仅能够使用现有颜色，还能够使用拾色器中的自选颜色。如图 7-34 所示为选择现有颜色的效果。

形状对象描边颜色的设置方法与填充颜色相同，但是形状对象的描边还能够设置各种样式，如直线、虚线与各种粗细等。只要在描边颜色右侧的文本框中输入数字，即可更改描边颜色的粗细，如图 7-35 所示。

继续在其右侧单击下拉列表，可以选择形状对象的描边样式，可改变形状对象的描边效果，如图 7-36 所示。

图 7-33　设置【尺寸】选项

图 7-34　设置填充颜色

图 7-35　设置描边粗细

图 7-36　描边样式

当然也可以在弹出的面板中自定义样式效果，方法是只要选中一种虚线样式，然后在下方分别设置【虚线】与【间隙】选项，即可看到形状对象的描边样式发生变化。这时单击右上角的齿轮图标，选择弹出菜单的【存储描边】选项，可将重新制定的新样式保存至【描边选项】面板中，如图 7-37 所示。

如果描边样式为直线,那么只要启用【虚线】选项,即可将直线转换为虚线,并且能够重新设置虚线样式。

在【属性】面板中不仅能够设置描边的颜色、粗细与样式,还可以设置描边在形状对象的位置与显示方式,如对齐、端点与角点。

单击填充颜色下方的下拉列表,可以选择描边与形状对象的对齐方式:内部、居中与外部,如图 7-38 所示。

图 7-37 自定义描边样式

在其右侧是设置描边样式的端点效果的下拉列表,只要单击该列表,即可选择不同的端点选项,如图 7-39 所示。

其中,选择端点样式以指定路径两个端点的外观,不同端点选项的各个作用如下。

图 7-38 对齐方式

❑ **平头端点** 创建邻接(终止于)端点的方形端点。

❑ **圆头端点** 创建在端点外扩展半个描边宽度的半圆端点。

❑ **投射末端** 创建在端点之外扩展半个描边宽度的方形端点。此选项使描边粗细沿路径周围的所有方向均匀扩展。

图 7-39 端点效果

除非路径是开放的,否则端点将不可见。此外,端点样式在描边较粗的情况下更易于查看。与端点类似,斜接在描边较粗的情况下更易于查看。

最右侧的下拉列表中的选项是用来设置描边样式的角点效果,方法依此类推,单击该列表,即可选择不同的角点选项,如图 7-40 所示。

其中,选择角点样式以指定角点处描边的外观效果,不同角点选项的作用如下。

图 7-40 角点效果

- ❑ **斜接连接** 创建当斜接的长度位于斜接限制范围内时扩展至端点之外的尖角。
- ❑ **圆角连接** 创建在端点之外扩展半个描边宽度的圆角。
- ❑ **斜面连接** 创建与端点邻接的方角。

3. 角半径

在 Photoshop CC 中，虽然在绘制矩形对象之前无法设置角半径，但是绘制完成后使用【路径选择工具】▶选择该对象，即可在【属性】面板中设置角半径，使其直角转换为圆角。

矩形对象与圆角矩形对象的属性选项完全一致，也就是说两者之间可以互相转换。方法是选中矩形对象后，在【属性】面板角半径选项中设置半径参数即可。其中，角半径参数既可以同时设置，也可以单个设置，如图 7-41 所示。

提 示

单击【将角半径链接到一起】按钮 ⇔ ，即可同时设置角半径参数。反之，则能够单个设置角半径参数。

图 7-41 设置角半径

4. 路径操作

无论是路径还是形状对象，均能够进行路径操作。但是路径对象是在工具选项栏中进行路径操作，而形状对象既可以在工具选项栏中也可以在【属性】面板中进行路径操作。路径操作就是在建立多个路径或者形状对象的同时，进行路径形状的运算。

方法是选择一个或者两个形状对象，单击【属性】面板中不同的路径操作图标，即可得到不同的形状效果，如图 7-42 所示。

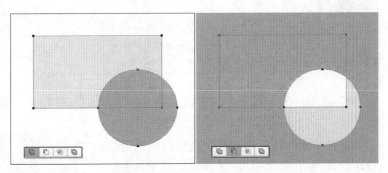

图 7-42 不同路径操作效果

7.4 编辑路径

从开始绘制路径到熟练掌握，都离不开 Photoshop 的路径整形功能，它能够移动点和控制柄，添加和删除点，以及通过点的转换改变线段的曲率。因此，在初步绘制路径时，不太精确也不要紧，路径编辑工具提供了修正的机会。

7.4.1 选择路径与锚点

在编辑路径之前首先需要选中路径或锚点。选择路径的常用工具有【路径选择工具】

和【直接选择工具】。

1．选择路径

选择【路径选择工具】（快捷键 A），在已绘制的路径区域内任意位置单击，即可选中该路径。此时路径上所有的节点都以实心方块显示，如图 7-43 所示。

图 7-43　选择整个路径

如果文档中存在两个或两个以上的路径，用户可以在【路径选择工具】选项栏中选择【合并形状】选项，此时，单击任何一条路径，都会选中所有的路径，如图 7-44 所示。

2．选择锚点

【直接选择工具】是 Photoshop 中最重要的路径整形工具。它可以单击路径中的某个节点，单独选择它，而不影响其他节点。按下 Shift 键并单击可以同时选择两个节点，如图 7-45 所示。

图 7-44　组合路径

提　示

如果要选择多个节点，还可以在路径外任意一处单击，同时并拖动。随着光标的移动，将会出现一个矩形框，矩形框中所框选的节点即为被选中的节点。

7.4.2　编辑路径锚点

路径中点和线段的数量是变化的。无论路径闭合或开放，都可以通过【添加锚点工具】和【删除锚点工具】对路径进行修改。

当拖动【钢笔工具】时，Photoshop 自锚点画出了方向线和方向点。可以用这些方向线和方向点来调整曲线的方向和形状。在画出曲线路径之后，可以用方向线和点来编辑路径，如图 7-46 所示。

一条曲线是由 4 个点进行定义的，其中 A 与 D 定义了曲线的起点与终点，又称为节点，而 B 与 C 则是用来调节曲率的控制点。通过调节 A 与 D 节点，可以调节曲线的起点与终点，

图 7-45　选择节点

图 7-46　方向线和点示意图

而通过调节 B 与 C 的位置则可以灵活地控制整条曲线的曲率，以满足实际需要，如图 7-47 所示。

1. 删除锚点

要在路径上删除一个锚点，首先选择【删除锚点工具】，移动光标到绘制好的路径锚点上面，单击即可，如图 7-48 所示。

2. 添加锚点

要在路径上添加一个锚点，首先选择【添加锚点工具】，移动光标到绘制好的路径上面（不能移动到锚点上），单击即可，如图 7-49 所示。

图 7-47　控制曲率

3. 更改锚点属性

锚点共有两种类型，即曲线锚点和直线锚点，这两种锚点所连接的分别是直线和曲线。在直线锚点和曲线锚点之间可以互相转换，以满足编辑需要。使用编辑路径工具的【转换点工具】，就可以轻松自如地实现这一操作。

图 7-48　删除锚点

❑ 将曲线锚点转换为直线锚点

首先选择【转换点工具】，然后移动光标至图像中的路径锚点上单击，即可将一个曲线锚点转换为一个直线锚点，如图 7-50 所示。

❑ 将直线锚点转换为曲线锚点

选择【转换点工具】，在路径上单击要调整的锚点，同时向下拖动鼠标，随着光标的移动将会显示出方向线，拖动方向点即可，如图 7-51 所示。

图 7-49　添加锚点

图 7-50　将曲线锚点转换为直线锚点

图 7-51　将直线锚点转换为曲线锚点

❑ **调整曲线方向**

使用【转换点工具】▷ 还可以调整曲线的方向，使用【转换点工具】▷ 在曲线锚点方向线一端的方向上按下鼠标左键并拖动，就可以调整方向线这一端的曲线形状，如图 7-52 所示。

7.4.3 路径的基本操作

路径可以看成一个图层的图像。因此可以对它进行移动、复制、粘贴和删除等基本操作，甚至进行旋转、翻转和自由变换等。

1. 移动与复制路径

在实际操作中，初步绘制的路径往往不到位，需要调整路径的位置，才能够达到要求。因此，移动路径是常用的操作。

选择【路径选择工具】▶，将光标指向路径内部。然后单击并拖动鼠标，即可移动路径，改变路径在画布中的位置，如图 7-53 所示。

如果选择【直接选择工具】▷，单击并拖动路径中的某个锚点，即可移动该锚点，改变该锚点在路径中的位置，而整个路径不会发生位置的变化，如图 7-54 所示。

无论是工作路径，还是存储路径，均能够对其进行备份，从而达到复制路径的目的。方法是使用【路径选择工具】▶ 选中路径后，按住 Alt 键单击并拖动路径，从而复制该路径，如图 7-55 所示。

◗ 图 7-52　调整曲线方向

◗ 图 7-53　移动路径

◗ 图 7-54　移动锚点位置

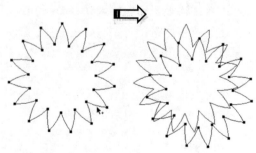

◗ 图 7-55　复制路径

2．路径变换

自由变换功能同样能够应用于路径，只要使用【路径选择工具】选中路径后，按快捷键 Ctrl+T 显示变换控制框，即可按图像的自由变换操作来变换路径，这里是对路径进行了水平翻转变换，如图 7-56 所示。

图 7-56　变换路径

3．路径类型

无论是钢笔工具、几何工具还是形状工具，均能够得到不同的路径图像。只要选择某个路径工具后，在工具选项栏左侧，分别选择【形状】、【路径】和【像素】选项，即可逐一创建同一形状、不同类型的效果，如图 7-57 所示。

图 7-57　路径类型

7.4.4　【路径】面板中的路径操作

在 Photoshop CC 中，虽然【路径】面板中的选项并没有添加新的信息，但是添加了新的路径操作，而这个路径操作与前面介绍的完全不同，如在不同图层中选择多个路径、复制路径等。

1．选择多个路径

虽然在旧版本中同样能够选择多个路径，但是那是在同一个路径图层中，不同路径图层中的路径是不能够同时显示的。而在新版本中，不仅能够选择同一个路径图层中的多个路径，还能够选择不同路径图层中的路径。

当在【路径】面板中创建多个路径图层，并且在其中建立路径对象时，在【路径】面板中即可结合 Shift 键选择多个路径，如图 7-58 所示。

结合 Shift 键能够选择相连路径图层中的路径对象，要想选择相隔路径图层中的路径对象，则需要结合 Ctrl 键，在【路径】面板中单击，即可在画布中选择路径对象，如图 7-59 所示。

图 7-58　选择多个路径

2. 复制路径

在【路径】面板中还能够进行路径图层的
复制，方法是选中路径图层后，按住 Alt 键不
放进行拖动，同时释放后即可得到该路径图层
的复制副本，如图 7-60 所示。

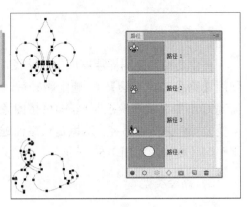

图 7-59　选择相隔路径图层中的路径

3. 重新排序路径

在【路径】面板中，对不属于"形状"、"类型"或"矢量蒙版"路径的已存储路径
进行重新排序。方法是单击并拖动路径图层至所需要的位置，即可改变该路径图层在【路
径】面板中的顺序，如图 7-61 所示。

图 7-60　复制路径

图 7-61　路径重新排序

7.5　应用路径

路径绘制、编辑完成后，就可以将其转换为选取范围，或者直接对路径进行填充和
描边的操作。下面将为用户详细介绍路径的实际应用。

7.5.1　路径与选区

路径与选区间的转换，对于经常从事绘画方面的设计者来说相当重要。它将路径与

选区从根本上联系在一起，从而方便用户在绘制图像过程中进行操作。

1．路径转换为选区

路径转换为选区是路径的一个重要功能，运用这项功能可以将路径转换为选区，然后对其进行各项编辑。方法是打开【路径】面板，单击【将路径作为选区载入】按钮 ⊙ 即可，如图7-62所示。另一种方法是单击【路径】面板右边小三角按钮，选择【建立选区】命令，在弹出的对话框中还可以设置【羽化半径】的参数。

如果路径为一个开放式的路径，则在转换为选区后，路径的起点会连接终点成为一个封闭的选区，如图7-63所示。

2．选区转换为路径

路径转换为选区是路径的一个重要功能，运用这项功能可以将路径转换为选区，然后对其进行各项编辑。方法是：打开【路径】面板，单击【将路径作为选区载入】按钮 ⊙ 即可，如图7-64所示。另一种方法是：单击【路径】面板右边小三角，选择【建立选区】命令，在弹出对话框中还可以设置【羽化半径】的参数。

如果路径为一个开放式的路径，则在转换为选取选区后，路径的起点会连接终点成为一个封闭的选区，如图7-65所示。

● 7.5.2　对路径填充和描边

不用将路径转换为选区，也可以对路径进行编辑，从而达到绘制图像的效果。如对路径进行填充或描边，绘制出一些线描图像等。下面就详细介绍几种对路径填充和描边的方法。

1．填充路径

要对路径进行填充，首先打开【路径】面板，将前景色设置为要填充的颜色。然后单击

图7-62　路径转换为选区

图7-63　将开放式路径转换为选区

图7-64　路径转换为选区

图7-65　将开放式路径转换为选取选区

该面板下方的【用前景色填充】按钮 ● 即可，如图 7-66 所示。

　　填充路径的另一种方法是通过【填充路径】对话框对路径进行填充。方法是打开【路径】面板，同时按下 Alt 键单击【用前景色填充】按钮 ● ，弹出【填充路径】对话框。在【使用】下拉列表中可以设置【前景色】、【背景色】和【图案】等选项，如图 7-67 所示。

图 7-66　填充路径

2. 描边路径

　　描边路径和工具箱中所选的工具以及画笔的大小与形状有关。在默认情况下，当建立路径后单击【路径】面板底部的【用画笔描边路径】按钮 ○ ，使用的是画笔当前参数设置为路径描边，如图 7-68 所示。

> **提　示**
>
> 描边路径使用画笔进行描边，除了能够设置【主直径】大小以及【硬度】的百分比外，还可以更改画笔笔触。

图 7-67　填充图案路径

　　在【路径】面板中同时按下 Alt 键单击【用画笔描边路径】按钮 ○ ，弹出【描边路径】对话框，在该对话框中启用【模拟压力】选项，并且选择【工具】为【铅笔】，对路径进行描边可以得到另一种效果，如图 7-69 所示。

图 7-68　路径描边

图 7-69　启用【模拟压力】选项

7.6　课堂练习：绘制钢笔效果

　　本实例绘制的是逼真的钢笔效果，如图 7-70 所示。在绘制的过程中，通过使用【钢笔工具】 ✍ 绘制钢笔图像的轮廓，再使用【转换点工具】 ＼ 和【直接选择工具】 ▶ 调整路径描点，使轮廓线更加柔滑。将路径转换为选区并填充后，通过添加图层样式，为钢笔添加渐变等效果，绘制出逼真的钢笔图像。

图 7-70 绘制钢笔效果

操作步骤:

1 在 Photoshop CC 中,按快捷键 Ctrl+N 新建图层,新建空白文档。在【新建】对话框中,设置名称为"绘制钢笔",【宽度和高度】均为 600 像素,【背景内容】为【白色】,如图 7-71 所示。

图 7-71 新建空白文档

2 在【图层】面板中,单击【创建新图层】按钮 ,新建图层,命名为"钢笔"。在工具箱中单击【钢笔工具】按钮 ,在画布中绘制路径,如图 7-72 所示。

3 按快捷键 Ctrl+Enter 将路径转换为选区。在工具箱中单击【油漆桶工具】按钮 ,设置前景色为"黑色",进行填充,如图 7-73 所示。

图 7-72 绘制路径

图 7-73 填充选区

提 示

填充完成后,按快捷键 Ctrl+D 可取消选取区。

4 在【图层】面板中,双击"钢笔"图层,打开【图层样式】对话框。在样式栏中,启用【渐变叠加】样式,在右侧设置渐变滑块的颜色,如图 7-74 所示。

图 7-74 设置【渐变叠加】样式

在【图层样式】对话框中，设置【渐变叠加】的【角度】为 0 度，【缩放】为 95%。。

⑤ 新建"笔身"图层，使用【钢笔工具】 ✐ 绘制另外一个路径，转换为选区后，填充为"黑色"，在【图层】面板中设置其图层总体【不透明度】为 70%，如图 7-75 所示。

图 7-75 绘制路径

⑥ 保持选区不变，复制"笔身"图层，按快捷键 Ctrl+T 设置"笔身副本"图层的【水平缩放】为 75%，按 Enter 键结束变换。设置填充为"白色"，如图 7-76 所示。

图 7-76 复制并填充图层

按住 Ctrl+Delete 键可填充前景色，按住 Alt+Delete 键可填充背景色。

⑦ 选择"笔身副本"图层，执行【滤镜】|【模糊】|【动感模糊】命令，打开【动感模糊】

对话框，设置【距离】为 18 像素，如图 7-77 所示。

图 7-77 设置【动感模糊】参数

为"笔身副本"图层添加【渐变叠加】样式，参数为默认，再设置"笔身副本"图层的图层总体【不透明度】为 50%。

⑧ 新建名为"笔头"的图层。使用【钢笔工具】 ✐ 绘制路径，并填充为白色。双击该图层，启用【内发光】样式，设置发光颜色为"中灰密度"渐变，选择【等高线】为"画圆步骤"，如图 7-78 所示。

图 7-78 添加【内发光】样式

⑨ 启用【渐变叠加】样式，设置渐变滑块的颜色为"灰色"→"白色"→"灰色"渐变，如图 7-79 所示。

在【图层】面板中复制"笔头"图层为"笔头副本"图层，设置其图层总体【不透明度】为 50%。

图 7-79 设置【渐变叠加】样式

10 新建图层，使用【钢笔工具】 ✎ 绘制路径，转换为选区后填充任意颜色。打开【图层样式】对话框，启用【内阴影】样式，设置【距离】和【大小】均为 1 像素，如图 7-80 所示。

图 7-80 添加【内阴影】样式

11 保持上一步骤的选区不变，执行【选择】|【修改】|【扩展】命令，设置【扩展】为 2 像素。新建图层，填充为"黑色"，将其放在上一图层下面，如图 7-81 所示。

图 7-81 扩展选取并填充颜色

12 执行【滤镜】|【模糊】|【高斯模糊】命令，设置【半径】为 0.5 像素。并使用【矩形选框工具】 ▢ 删除黑色填充的多余部分，如图 7-82 所示。

图 7-82 设置【高斯模糊】参数

13 新建"笔尖"图层，使用【钢笔工具】 ✎ 绘制笔尖路径，填充为"黑色"。启用【渐变叠加】样式，并设置渐变滑块的颜色，如图 7-83 所示。

图 7-83 设置【渐变叠加】样式

14 新建"笔尖线"图层，使用【矩形选框工具】绘制选区，填充"黑色"。在【图层】面板中单击【添加矢量蒙版】按钮 ▢，并为蒙版添加由上向下的"白色"→"黑色"渐变，如图 7-84 所示。

提 示

再新建图层，命名为"圆点"，使用【椭圆选框工具】 ◯ ，结合 Shift 键绘制一个正圆，并填充为"黑色"。

图 7-84　添加矢量蒙版

[15] 选中除背景层以外的所有图层，按住组合键 Ctrl+Alt+Shift+E 盖印所选图层，将盖印图层和背景层以外的图层隐藏，并将盖印图层重命名为"钢笔"，如图 7-85 所示。

图 7-85　盖印所选图层

提　示

再启用【渐变叠加】样式，设置其渐变颜色和"笔头"图层的相同。选择盖印后的"钢笔"图层，按住快捷键 Ctrl+T，设置旋转角度为 32 度。

[16] 选择背景层，在工具箱中单击【渐变工具】按钮，在工具选项栏中，设置渐变颜色，并选择"径向渐变"，为背景层添加渐变颜色，如图 7-86 所示。

[17] 双击盖印后的"笔图"图层，打开【图层样式】对话框，启用【投影】样式，设置图层总体【不透明度】为 50%，其他参数为默

认，如图 7-87 所示。

图 7-86　填充背景颜色

图 7-87　设置【投影】参数

[18] 在工具箱中单击【横排文字工具】按钮 T，在画布中输入字母。打开【图层样式】对话框，启用【投影】和【颜色叠加】样式，设置参数。保存文件，完成钢笔效果的绘制，如图 7-88 所示。

图 7-88　添加文本并设置文本样式

7.7 课堂练习：制作桌面壁纸

说到电脑桌面，我们最熟悉不过了。还在从网上搜索电脑桌面吗？让我们利用【钢笔工具】制作"藤蔓"，【自定义路径工具】制作"叶子"，进而做出藤蔓爬墙的桌面，如图7-89所示。通过本案例的学习，更好地掌握【钢笔工具】以及自定义路径工具的使用方法。

操作步骤：

1 新建一个桌面大小1024像素×768像素，分辨率为72的空白文档。选择【渐变工具】[图标]，做鲜绿到深黄的垂直渐变，然后执行【滤镜】|【纹理】|【马赛克拼贴】命令，如图7-90所示。

图 7-90 绘制渐变

2 选择【钢笔工具】[图标]，结合 Ctrl 键和 Alt 键，从上至下绘制"藤蔓"路径，绘制时注意曲线的柔和度以及藤蔓的柔软度，如图7-91所示。

图 7-91 绘制"藤蔓"

图 7-89 制作桌面壁纸

3 设置【前景色】为"深绿色"，设置【画笔工具】笔尖大小为7。右击选择【描边路径】选项，在弹出的对话框单击【确定】按钮，如图7-92所示。

图 7-92 描边路径

4 选择【橡皮擦工具】[图标]，降低不透明度，在"藤蔓"下部涂抹。目的要做到上粗下细，把顶端磨尖，制作出来的藤蔓比较真实，如图7-93所示。

图 7-93 涂抹"藤蔓"

⑤ 新建一个 200 像素×200 像素的空白文档，
按快捷按钮 Ctrl+R 调出标尺。拖曳出两条
参考线确定画布的中心。选择【椭圆工具】
⊙，结合 Ctrl 键绘制一个圆形。然后再拖
曳 4 条参考线，选择【矩形工具】▢，分
别在左下、右上绘制矩形，最后右击选择【填
充路径】选项，在弹出的对话框中单击【确
定】按钮，如图 7-94 所示。

图 7-94 绘制叶子

⑥ 复制该图层到"盛夏光年"文档。按快捷键
Ctrl+T 变换角度，按快捷键 Ctrl+J 复制，将
"叶子"摆放到合适位置。新建"藤蔓"图
层组，将所有的"叶子"以及"藤蔓"图层
放进去，如图 7-95 所示。

图 7-95 新建图层组

⑦ 新建"盖印"图层，隐藏背景按键盖印一层
后，显示背景层，隐藏图层组。单击【添加
图层样式】按钮 fx，选择【投影】，如图
7-96 所示。

⑧ 利用刚才的方法，多做几条藤蔓，并变换大

小，合适排列，增加藤蔓的密度，如图 7-97
所示。

图 7-96 设置【投影】选项

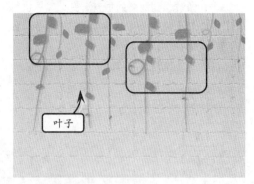

图 7-97 绘制藤蔓

⑨ 单击【横排文字工具】按钮 T，输入文字
"盛夏"，调整字体大小输入"光年"。右击
"藤蔓"的图层样式选择【拷贝图层样式】
选项，选择文字图层右击选项【粘贴图层样
式】选项，如图 7-98 所示。

图 7-98 输入字体

10 继续输入字体，设置大小为 12，选择左对齐，在画布中下部分写上几行小字，如图7-99 所示。

图 7-99　输入字体

7.8　思考与练习

一、填空题

1．钢笔工具组中包括【钢笔工具】、【_____】、【添加锚点工具】、【删除锚点工具】和【_____】。

2．使用【多边形工具】，最少能够绘制出_____边的图形。

3．按住_____键可以在【路径选择工具】和【直接选择工具】之间进行切换。

4．按_____键可以将路径直接转换为选区。

5．单击【路径】面板中的【_____】按钮，可以使用前景色为路径填充。

二、选择题

1．在 Photoshop 中，路径的实质是_____。

　　A．选区

　　B．矢量式的线条

　　C．填充和描边的工具

　　D．一个文件或文件夹所在的位置

2．在绘制路径的过程中，如果按下_____键，则可以按 45 度角、水平或者垂直的方向绘制线条。

　　A．Ctrl　　　　　　B．Alt

　　C．Shift　　　　　 D．Enter

3．如果要显示或者隐藏路径，可以使用_____组合键。

　　A．Alt＋H　　　　　B．Shift＋H

　　C．Ctrl＋Shift＋H　　D．以上都不对

4．对路径进行自由变换，以下说法正确的是_____。

　　A．可以对路径进行放大、缩小操作

　　B．可以对路径进行变形

　　C．可以对路径进行扭曲

　　D．以上说法都正确

5．要选择特定的绘画工具进行描边，必须按住_____键单击【路径】面板底部的【用画笔描边路径】按钮，打开【描边路径】对话框。

　　A．Alt　　　　　　B．Ctrl

　　C．Shift　　　　　D．Enter

三、问答题

1．使用【钢笔工具】绘制路径时，启用或者禁用【橡皮带】选项有何区别？

2．如何直接创建曲线路径？

3．如何绘制五角星？

4．如何才能够对路径进行变换操作？

5．如何对路径进行不同效果的描边？

四、上机练习

1．提取紫花图像

对于边缘复杂的图像，要进行提取时最快的方法就是使用【钢笔工具】。该工具不仅能够创建直线路径，还能够创建曲线路径，所以任何形状的图像都能够使用【钢笔工具】进行边缘路径创建。这里在创建边缘路径时，还运用了【重叠路径区域外】运算功能，主题内部的背景图像除外，如图 7-100 所示。

图 7-100 提取紫花图像

2. 为路径描边

为路径描边并不是单纯的笔触形状，还可以

使用不规则笔触形状。只要在进行描边之前，选择【画笔工具】 ✐，并且在【画笔预设】选取器选择不规则笔触形状，就能够进行不规则笔触的路径描边，如图 7-101 所示。

图 7-101 为路径描边

第 8 章

文本效果

无论在何种视觉媒体中，文字和图片都是其两大构成要素。Photoshop 提供了强大的文字工具，它允许用户在图像背景上制作复杂的文字效果。可以随意地输入文字、字母、数字或符号等，同时还可以对文字进行各种变换操作。

本章通过介绍 Photoshop 中创建文本的各种功能和命令，来详细讲解创建和编辑文本、段落、创建路径文字及更改文字外观等操作方法。

本章学习要点：

➢ 创建文字
➢ 编辑文字
➢ 创建路径文字
➢ 其他选项

Photoshop 中共有 4 种处理文本工具，用户根据文字显示的不同，可以使用不同的文本工具进行输入或修改文本。

8.1.1 横排文字与直排文字

横排文字和直排文字的创建方式相同。输入横排文字时，在工具箱中单击【横排文字工具】按钮，在画布中单击，当显示为闪烁的光标后，即可输入文字。在工具选项栏中可以设置文字属性，例如字体、大小、颜色等，如图 8-1 所示。

图 8-1 创建横排文字

输入完成后，按快捷键 Ctrl+Enter 可退出文本输入状态。如果要输入竖排的文字，在工具箱中单击【直排文字工具】按钮，在画布中单击，输入文字即可，如图 8-2 所示。

图 8-2 创建竖排文字

提 示

输入文本的颜色是由工具箱中的【前景色】来决定的，可用在输入之前设置好【前景色】颜色值，直接得到相应的文本颜色。

8.1.2 文字选区

使用工具箱中的【横排文字蒙版工具】和【直排文字蒙版工具】，可以创建文字型选区，它的创建方法和创建文字一样。

在文本工具组中，选择【横排文字蒙版工具】和【直排文字蒙版工具】能够创建文本选区，并且在选区中填充颜色后，从而得到文本形状的图形，如图 8-3 所示。

图 8-3 创建文字选区

注 意

当使用【横排文字蒙版工具】或者【直排文字蒙版工具】在画布中单击后，就会进入文本蒙版模式。输入文字后，按快捷键 Ctrl+Enter 将文字蒙版转换为文字选区。

得到文字选区后，除了能够填充颜色外，还可以像普通选区一样，对文字选区进行渐变填充、描边、修改及调整边缘等操作，如图 8-4 所示。

使用【横排文字蒙版工具】 ⬚ 或【直排文字蒙版工具】 ⬚ 在当前图层中添加文字时，不会产生新的图层，而且文字是未填充任何颜色的选区。

① 描边

② 渐变填充

③ 调整边缘

图 8-4　调整文字

8.2　编辑文字

当在画布上输入文字后，虽然在工具选项栏中可以简单地设置字体、大小和颜色，但其具有一定的限制。在【字符】面板中，可以更全面地设置文本属性。

在文字排版中，当出现字数较多的文本时，可以创建文本框对其进行段落设置。段落是末尾带有回车符的任何范围的文字，使用【段落】面板，可以设置应用于整个段落的选项。

8.2.1　【字符】面板

执行【窗口】|【字符】命令，可以打开【字符】面板。在该面板中可以对文字的属性进行详细的设置，例如设置字体、字号、行距、缩放以及加粗等。

1. 设置字体系列与大小

无论是在文本工具选项栏中，还是在【字符】面板中，均能够设置文字的字体系列和大小。只要在相应的下拉列表中，选择某个选项，即可得到不同的文字效果，如图 8-5 所示。

图 8-5　设置文字大小、系列和颜色

虽然在选项栏与【字符】面板中，均能够设置文字的字体系列和大小。但是前者需要选中文字，而后者只要选中文本图层即可。

2. 设置行距

在【字符】面板中，【设置行距】用来控制文字行之间的距离，可以设为【自动】或输入数值进行手动设置。若为【自动】，行距将会随字体大小的变化而自动调整。如果手动指定了行间距，在更改字号后一般也要再次指定行间距，如图 8-6 所示。

图 8-6　设置行间距

手动指定还可以单独控制部分文字的行距，选中一行文字后，在【设置行距】中输入数值控制下一行与所选行的行距，如图8-7所示。

图 8-7　指定选中文字的行间距

3．设置文字缩放比例

【字符】面板中的【水平缩放】与【垂直缩放】用来改变文字的宽度与高度的比例，它相当于把文字进行伸展或收缩操作，如图8-8所示。

图 8-8　水平缩放与垂直缩放

4．设置字体样式

文字样式可以为字体增加加粗、倾斜、下划线、删除线、上标、下标等效果，即使字体本身不支持改变格式，在这里也可以强迫指定，如图8-9所示。

其中，【全部大写字母】TT的作用是将文本中的所有小写字母都转换为大写字母，【小型大写字母】Tr也是将所有小写字母转为大写字母，但转换后的字母将参照原有小写字母的大小。

图 8-9　加粗并添加下划线

$$A2+B2=C2 \qquad A^2+B^2=C^2$$

要想在画布中输入上标或下标效果的文字与数字，只要通过文本工具选中该文字，单击【字符】面板中的【上标】T按钮或【下标】$T_{_1}$按钮即可，如图8-10所示。

图 8-10　设置上标

5．设置基线偏移

【字符】面板中的【设置基线偏移】选项，是用来控制文字与文字基线的距离。通过设置不同的数值，可以准确定位所选文字的位置。若输入正值，使水平文字上移，使直排文字右移；若输入负值，使水平文字下移，使直排文字左移，如图8-11所示。

图 8-11　设置基线偏移

6．改变文字方向

虽然在输入文字时，就可以决定其显示的方向。但是，还是可以在输入后随时被改变；只要选中文本图层后，打开【字符】面板关联菜单，选择【更改文本方向】命令即可，如图8-12所示。

图 8-12　改变文字方向

7. 设置消除锯齿的方法

【设置消除锯齿的方法】选项主要控制字体边缘是否带有羽化效果。一般情况下，如果字号较大的话，选择该选项为【平滑】，以得到光滑的边缘，这样文字看起来较为柔和。但是对于较小的字号来说，选择该选项为【平滑】，可以造成阅读困难的情况，这时可以选择该选项为【无】。

8.2.2 【段落】面板

在文字排版中，如果要编辑大量的文字内容，就需要更多针对段落文本方面的设置，以控制文字对齐方式、段落与段落之间的距离等内容，这时就需要创建文本框，并使用【段落】面板对文本框中大量的文本内容进行调整。

1. 创建文本框

使用任何一个文本工具都可以创建出段落文本，选择工具后直接在图像中单击并拖动鼠标，创建出一个文本框，然后在其中输入文字即可。文字延伸到文本框的边缘后将自动换行，拖动边框上的8个节点可以调整文本框大小。如果文本框过小而无法全部显示文字时，拖动控制节点调整文本框的大小，显示所有的文字，如图 8-13 所示。

图 8-13 创建文本框

提 示

在这里将使用文字工具直接输入的文本叫点文本；在文本框输入的文本叫段落文本。执行【图层】|【文字】|【转换为点文本】命令或【图层】|【文字】|【转换为段落文本】命令可将点文本与段落文本互相转换。

2. 设置段落文本的对齐方式

当出现大量文本时，最常用的就是使用文本的对齐方式进行排版。【段落】面板中的【左对齐文本】、【居中对齐文本】和【右对齐文本】是所有文字排版中三种最基本的对齐方式，它是以文字宽度为参照物使文本对齐，如图 8-14 所示。

而【最后一行左对齐】、【最后一行居中对齐】和【最后一行右对齐】是以文本框的宽度为参照物使文本对齐。【全部对齐】是所有文本行均按照文本框的宽度左右强迫对齐。

图 8-14　设置文本对齐

3. 设置缩进

【左缩进】选项可以从边界框左边界开始缩进整个段落；【右缩进】选项可以从边界框右边界开始缩进整个段落。【首行缩进】选项与【左缩进】选项类似，只不过是【首行缩进】选项只缩进左边界第一行文字，如图 8-15 所示。

> **提 示**
>
> Photoshop 提供了两种【避头尾法则】设置，一种是【JIS 宽松】，另一种是【JIS 严格】。【JIS 宽松】的避头尾设置忽略长元音字符和小平假名字符。通过对【避头尾法则】的设置，在缩放段落文本框时，文本的开头和结尾都会避免所规定的字符。

图 8-15　设置文本缩进

8.2.3　修改文字外观

在进行设计创作时，如杂志设计、宣传册或平面广告，漂亮的文字外观能增加整个版面的美感。我们可以通过变形文字，将文本转换为路径和形状，以便对文字做出更特殊美观的效果，对文字进一步进行编辑。

1. 文字变形

输入文本后，单击文本工具选项栏中的【创建文字变形】按钮，在弹出的【变形文字】对话框中，能够进行 15 种不同的形状变形。选择的变形样式将作为文字图层的一个属性，可以随时更改图层的变形样式以更改变形文

图 8-16　变形文字效果

字的整体效果，如图 8-16 所示为其中 4 种变形效果。

> **注 意**
>
> 当文字图层中的文字执行了【仿粗体】 **T** 命令时，不能使用【创建文字变形】 **工** 命令。

2. 文本转路径

文本图层中的文字，要想在不改变文本属性的前提下，改变其形状，只有通过【文字变形】命令。如果要在改变文字形状的同时，保留图形清晰度，则需要将文本转换为路径。

选中文字图层，执行【图层】|【文字】|【转换为形状】命令，可将文字图层转换为形状图层，如图 8-17 所示。

图 8-17　将文字转换为形状

这时，在矢量蒙版模式中，通过【直接选择工具】[图标]，即可改变文字形状如图 8-18 所示。

图 8-18　调整路径

> **提 示**
>
> 执行【图层】|【文字】|【创建工作路径】命令，可创建文字轮廓的路径。

8.2.4　字符与段落样式

文本中的字符样式与段落样式是文本属性设置、保存与再应用，字符样式与段落样式的增加为文本效果制作提供了便捷。

1. 创建字符样式

通过使用【字符样式】面板可以了解、创建、编辑字符所要应用的字符样式，使用【字符样式】面板可以节省时间和确保格式一致。

【字符样式】面板是许多字符格式属性的集合，可应用于所选的文本范围，如图 8-19 所示。

图 8-19　【字符样式】面板

在该面板中的无样式是默认的，创建文本后单击该样式，即可在画布中显示该样式效果，在【字符】面板中显示该样式属性为宋体、12 点、黑色，如图 8-20 所示。

当默认的文本样式通过【字符】面板设置发生变化后，即可以新样式创建至【字符样式】面板中。方法是首先选择文本，执行【窗口】|【字符样式】命令，弹出【字符样式】面板。直接单击【创建新样式】按钮[图标]，或者选择面板菜单中【新建字符样式】命令，即可创建新字符样式，如图 8-21 所示。

图 8-20　无样式效果

这时并没有完成新字符样式的创建，单击新创建的"字符样式1"，然后单击【通过合并覆盖重新定义字符样式】按钮 ，使新文本选项覆盖至新建的字符样式中，如图 8-22 所示。

图 8-21 创建字符样式

图 8-22 覆盖至新字符样式中

2. 应用字符样式

当【字符样式】面板中存在两个或两个以上的字符样式后，即可在该文档中为输入的文本添加现有的样式。方法是在画布中输入新的文本后，这时【字符样式】面板中的无样式会显示加号，说明被选中的文本属性发生变化，如图 8-23 所示。

单击【字符样式】面板中的其他字符样式，即可改变所选文本的属性，如图 8-24 所示。

图 8-23 输入新文本

图 8-24 应用字符样式

3. 编辑字符样式

在【字符样式】面板中，通过面板菜单中的各个命令，可以进行重命名样式、复制样式、删除样式与编辑样式等操作。

复制样式非常简单，只要选中某个样式后，选择面板菜单中的【复制样式】命令，即可复制样式，如图 8-25 所示。

字符样式的删除既可以通过面板菜单中的命令，也可以直接单击面板底部的【删除当前字符样式】按钮 来删除所选中的字符，如图 8-26 所示。

图 8-25 复制样式

图 8-26 删除字符样式

字符样式在创建时其名称是默认的，要想更改样式名称首先应选中该字符样式，然后选择面板菜单中的【重命名样式】命令。

图 8-27 重命名样式

编辑字符样式可以更改默认字符的定义，也可以更改所创建的新样式。在更改样式定义时，使用该样式设置的所有文本都会发生更改，以与新样式定义相匹配。

要编辑字符样式，可以在【字符样式】面板选择该样式，然后从【字符样式】面板菜单中执行【样式选项】命令，也可以双击样式名称。

选择了要编辑的样式后，在对话框的左侧，选择一个格式设置选项，并设置它们，也可以选择其他类别以切换到其他格式，以设置选项组。完

图 8-28 【字符样式选项】对话框

成设置后，在【基本字符格式】选项中显示设置的选项参数，如图 8-28 所示。

4. 段落样式

【段落样式】面板与【字符样式】面板的作用相同，均是为了保存与重复应用文字的样式，这样在工作中可以节省时间和确保格式一致。段落样式包括段落格式属性，并可应用于所选段落，也可应用于段落范围。可以使用【段落样式】面板来创建、应用和管理段落样式，如图 8-29 所示。

段落样式的创建与设置方式与字符样式相似，只是【段落样式选项】对话框中的选项与后者有所不同。

图 8-29 【段落样式】面板

要编辑段落样式，可以在【段落样式】面板选择该样式，然后从【段落样式】面板菜单中选择【样式选项】命令，也可以双击样式名称，在弹出的【段落样式选项】对话框中设置选项，从而改变段落样式效果，如图 8-30 所示。

图 8-30　【段落样式选项】对话框

8.3　文字绕路径

文字绕路径功能是将文字添加到路径中或路径上，创建出文字绕路径效果。运用该功能可以让文字与图像能更加融合，同时也美化了整体画面。

8.3.1　路径排列

文字可以依照开放或封闭的路径来排列，从而满足不同的排版需求。可以使用创建路径的工具绘制路径，然后沿着路径输入文字，并且可以根据需要更改文字的格式，也可以在路径内创建封闭的文字排版效果。

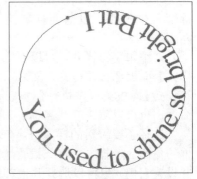

图 8-31　创建文字绕排路径

1. 文字绕排路径

创建文字绕路径排版的效果，首先要创建路径，然后选择【横排文字工具】，移动鼠标到路径上，当光标显示为 时，单击即可输入文字，如图 8-31 所示。

2. 创建路径排版文字

选择【横排文字工具】，移动到路径内部，当显示为 时，单击即可输入文字，创建封闭的路径排版文字，如图 8-32 所示。

图 8-32　创建封闭的路径排版文字

图 8-33　编辑路径排版文字

3. 设置绕排文字

创建完成绕排文字后，可以使用【段落】面板对封闭路径内的绕排文字进行调整。对于创建的路径排版文本受文本内容的影响，文本一般不会密切地与路径结合在一起，此时，单击【段落】面板中的【全部对齐】按钮 ▤，强迫文本内容填满路径，如图 8-33 所示。

8.3.2 调整路径

路径文本与文本框文本均能够调整文本显示的区域范围，只是前者更为灵活。路径文本不仅能够通过调整路径大小来控制文本显示范围，还可以通过调整路径上的控制点来控制文本显示的形状范围。

当路径内填充文本后，选择【直接选择工具】 ↳，选中某个控制点后，进行移动或者改变控制点上的控制柄，使路径边缘

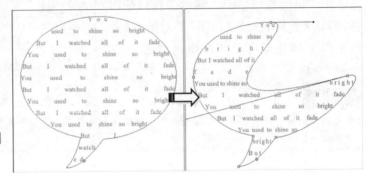

图 8-34　编辑形状路径

变形，从而改变路径内部文字的显示效果，如图 8-34 所示。

8.4 其他选项

在编辑文字的过程中，除了以上的选项设置外，还有其他的选项，如【拼写与检查】命令、【查找与替换】命令以及【栅格化文字】命令等。通过这些命令，可以深刻地学习文字的编辑，更加快速、方便地编辑文本。

8.4.1 拼写与检查

Photoshop 与字处理软件 Word 一样具有拼写检查的功能。该功能有助于在编辑大量文本时，对文本进行拼写检查。

首先选择文本，然后执行【编辑】｜【拼写检查】命令，在弹出的对话框中进行设置，如图 8-35 所示。

图 8-35　【拼写检查】对话框

Photoshop 检查到文档中有错误的单词，就会在【不在词典中】文本框显示出来，并在【更改为】文本框显示建议替换的正确单词，如果文档中的单词全部正确，那么不会弹出【拼写检查】对话框。

8.4.2　查找与替换

【查找和替换文本】命令也与 Word 类似。在确认选中文本图层的前提下，执行【编辑】|【查找和替换文本】命令，打开【查找和替换文本】对话框。

在弹出的对话框中，输入要查找的内容。单击【查找下一个】按钮，然后单击【更改全部】按钮即可全部替换，如图 8-36所示。

图 8-36　查找和替换文本

如果要对图像中的所有文本图层进行查找和替换，可以在【查找和替换文本】对话框中启用【搜索所有图层】选项。

8.4.3　栅格化文字

在对文字执行滤镜或剪切命令时，Photoshop 会弹出一个提示对话框，文字必须栅格化才能继续编辑。

右击文本图层，选择【栅格化文字】命令，即可栅格化文字。栅格化的文字在【图层】面板中以普通图层的方式显示，如图 8-37所示。

栅格化后的文字不能使用文本工具再次更改，因此，在栅格化之前，先将文本保存一份。

图 8-37　栅格化文字

8.5　课堂练习：制作文字标志

标志多种类型，其中文字标志是其中之一，文字标志是利用字母的变形制作。在Photoshop 中，输入文字后，执行【转换为形状】命令后，使用【直接选择工具】对其进行调整，制作成一个文字标志，如图 8-38所示。

图 8-38 最终效果

操作步骤：

1　新建一个文档（宽度为 1024 像素；高度为 678 像素；分辨率为 200），并填充"绿色"（#C2CA53），使用【横排文字工具】 T ，输入 HR 两个"白色"字母，设置【字符】面板，如图 8-39 所示。

图 8-39 输入文字

2　在【图层】面板 HR 文字图层上，右击选择【转换为形状】命令，将文字转换为路径形状，如图 8-40 所示。

图 8-40 转换为形状

3　使用【直接选择工具】 ▶ ，选中 R 字母的所有路径后，向左水平移动，与 H 字母右边重合，如图 8-41 所示。

图 8-41 移动位置

4　双击该文字图层面板，弹出【图层样式】对话框，启用【渐变叠加】复选框，绘制"白色"→"灰色"（#C7C8CA）→"黑白"渐变，设置其他参数，如图 8-42 所示。

图 8-42 设置【渐变叠加】

⑤ 在弹出的【图层样式】对话框中，启用【斜面和浮雕】选项，并设置其参数，如图 8-43 所示。

设置

设置

图 8-43　设置【斜面和浮雕】

⑥ 将标志绘制完后，使用【横排文字工具】，在标志下方分别输入"白色"的 HUARONG DESIGEN 字母，在【字符】面板中进行设置，如图 8-44 所示。

⑦ 继续使用【横排文字工具】在空白处输入部分内容的题目，在【字符】面板中控制文字的大小和颜色设置，如图 8-45 所示。

图 8-44　输入文字

图 8-45　输入文字

8.6　课堂练习：杂志封面的设计

本实例将要制作一张杂志封面。该实例中使用了【横排文字工具】和【竖排文字工具】，在使用文字作为装饰元素时，要注意文字的字体、大小、颜色等参数设置，因为这些都是影响整体效果的基础内容，如图 8-46 所示。

图 8-46　最新效果

操作步骤:

1. 按快捷键 Ctrl+O 导入素材图片,选择工具箱中的【横排文字工具】T,在【字符】面板中选择合适的字体、字号和颜色,如图8-47所示,添加主栏目的名称。

图 8-47 编辑主栏目的名称

2. 选择工具箱中的【竖排文字工具】IT,输入"时尚"文字,在【字符】面板中选择合适的字体、字号和颜色,单击【仿粗体】按钮,如图8-48所示。

图 8-48 输入文字

3. 双击"时尚"图层,弹出【图层样式】对话框,启用【描边】命令,设置【大小】为2,【颜色】为黑色,如图8-49所示。

图 8-49 设置描边

4. 选择工具箱中的【横排文字工具】T,输入"¥"字符,字体为"Arial",字体样式为"Regular",大小为36,颜色为#DF498E,然后输入"18",大小为72,颜色为黑色,如图8-50所示。

图 8-50 输入文字

5. 选择工具箱中的【横排文字工具】T,在【字符】面板中设置字体为"Adode Caslon Pro",字体样式为"Regular",大小为40,选择【小型大写字母】选项,如图8-51所示。

图 8-51　设置字体

6　选择工具箱中的【横排文字工具】 T，在【字符】面板中进行设置，如图 8-52 所示。

图 8-52　输入文字

7　继续使用【横排文字工具】 T，在空白处

输入部分内容的题目，在【字符】面板中控制文字的大小和颜色设置，如图 8-53 所示。

图 8-53　输入文字

8　拖入"条形码"素材，调整大小，最后使用【横排文字工具】 T 输入杂志的期刊号，完成最新效果，如图 8-54 所示。

图 8-54　拖入"条形码"

8.7　思考与练习

一、填空题

1．在完成文本的输入后，按快捷键_____可退出文本输入状态。

2．使用工具箱中的【_____】和【_____】，可以直接创建文字型选区。

3．在【字符】面板中，【_____】用来控制文字行之间的距离，可以设为【自动】或输入数值进行手动设置。

4．在【段落】面板中，【_____】选项可以从边界框左边界开始缩进整个段落；

【_____】选项可以从边界框右边界开始缩进整个段落。

5．在【变形文字】对话框中，能够将文字进行_____种不同的形状变形。

二、选择题

1．在输入文字后，按下_____键并单击鼠标拖动文字，可以移动文字的位置。

　　A．Ctrl

　　B．Shift

　　C．Alt

D. Ctrl+Shift

2．在下列选项中，【居中对齐文本】按钮是
_____。

A. B.

C. D.

3．对文字执行滤镜或剪切等命令，必须对
文本执行【_____】命令。

A．栅格化文字

B．格式化

C．转换为段落文本

D．创建工作路径

4．下面对【横排文字蒙版工具】描述错误
的选项是_____。

A．使用工具箱中的【横排文字蒙版工
具】和【直排文字蒙版工具】，
可以创建文字型选区，它的创建方法
和创建文字一样

B．在使用【横排文字蒙版工具】输
入文字后，按快捷键 Ctrl+Enter 可以
将文字蒙版转换为文字选取，然后填
充颜色

C．使用【横排文字蒙版工具】或【直
排文字蒙版工具】在当前图层中
添加文字时，不会产生新的图层，而
且文字是未填充任何颜色的选区

D．使用【横排文字蒙版工具】或【直
排文字蒙版工具】在当前图层中
添加文字时，产生新的图层，文字的
填充颜色为前景色

5．创建路径文本后，_____工具可以
用来调整路径的控制节点以改变路径的形状。

A．【移动工具】

B．【直接选择工具】

C．【矩形选框工具】

D．【自定义形状工具】

三、问答题

1．简述怎样在文档中创建段落文本。

2．如何直接创建文字选区？

3．如何将文字转换为形状路径？

4．路径文字包括几种情况？分别如何创建？

5．如何查找和替换文本？

四、上机练习

1．制作竖排诗词效果

制作竖排效果的诗词文字非常简单，只要在

Photoshop 中选择【直排文字工具】，在画布
中单击即可输入竖排文字，并且输入的竖排文字
还是由右至左显示，如图 8-55 所示。

图 8-55 创建文本

2．创建路径文字

路径文字效果是将文字沿绘制好的路径进
行排版，要创建路径文字，首先应绘制一个路径，
可以使用【自定形状工具】绘制形状，也可
以使用【钢笔工具】绘制形状路径，如图 8-56
所示，使用【自定形状工具】绘制一个兔子
形状路径。

图 8-56 绘制路径

在工具箱中选择【横排文字工具】，在
路径边缘单击输入文本，即可形成路径文字，如
图 8-57 所示。

图 8-57 创建路径文字

第9章

简单色调调整

图像色调调整是对图像明暗关系以及整体色调的调整。无论是平面作品还是日常生活照片，均需要调整图像的明暗关系，或者是将原来图像中的色调更改为另外一种色调，如将蓝色调更改为绿色调，体现生机勃勃的气势。

在本章中，主要介绍明暗关系的调整命令、基本色调的调整命令以及整体色调的转换命令等，从而掌握改变图像整体色调的操作。

本章学习要点：

➤ 明暗关系调整

➤ 基本色调调整

➤ 整体色调转换

9.1 调整明暗关系

当遇到色调灰暗或者是层次不分明的图像时，就可以利用颜色调整命令中的【亮度/对比度】、【阴影/高光】和【曝光度】命令中的任何一个命令来调整图像的明暗关系。图像的明度提高了，颜色的饱和度就会增加，颜色就鲜艳；反之图像的明度降低，颜色的饱和度就会减少，颜色就显得灰暗。

9.1.1 【亮度/对比度】命令

【亮度/对比度】命令是对图像的色调范围进行调整的最简单的方法。主要用于调节整幅图像的亮度和对比度。对于对比度不太明显的图像非常有效，但不适合对图像进行精确色调调整。该命令将调整明暗区域的反差，使图像看起来更加细腻和真实。可以一次性调整图像中的所有像素。

执行【图像】|【调整】|【亮度/对比度】命令，打开【亮度/对比度】对话框。拖动对话框中的三角形滑块，调整图像的亮度或者对比度。向左拖动，图像亮度和对比度降低，向右拖动，亮度和对比度增加，调整至合适位置后，单击【确定】按钮即可，如图 9-1 所示。

图 9-1　调整亮度与对比度

> **提示**
>
> 在该对话框中禁用【使用旧版】复选框，【亮度】值设置范围为-150～150，【对比度】值设置范围为-50～100；当启用该复选框时，【亮度】值设置范围为-100～100，【对比度】值设置范围为-100～100。

9.1.2 【阴影/高光】命令

如果逆光观察事物，就会发现看到的事物发暗，与左侧的景象形成强烈地对比，如图 9-2 所示。而【阴影/高光】命令可以使阴影区域变亮。

图 9-2　带阴影图像

【阴影/高光】命令适用于校正由强逆光而形成剪影的照片，或者校正由于太接近相机闪光灯而有些发白的焦点。执行【图像】|【调整】|【阴影/高光】命令，打开对话框即可发现图像阴影区域变亮，如图 9-3 所示。

图 9-3　打开【阴影/高光】对话框

在默认状态下，【阴影/高光】对话框中的【阴影】参数值为35%，【高光】参数值为0%。所以图像中只有阴影区域提亮，而高光区域没有发生变化。

【阴影/高光】命令不是简单地使图像变亮或变暗，它基于阴影或高光中的周围像素（局部相邻像素）增亮或变暗。正因为如此，阴影和高光都有各自的控制选项。当启用【显示更多选项】选项后，对话框中的选项发生变化，如图 9-4 所示。

1. 数量

无论是简化版还是完整版对话框，【数量】参数都在其中。但是【阴影】选项组中的【数量】参数值越大，图像中的阴影区域越亮；而【高光】选项组中的【数量】参数值越大，图像中的高光区域越暗，如图 9-5 所示。

图 9-4 启用【显示更多选项】选项

2. 色调宽度

【色调宽度】参数用来控制阴影或者高光中色调的修改范围。较小的值会限制只对较暗区域进行阴影校正的调整，并且只对较亮区域进行"高光"校正的调整。较大的值会增大将进一步调整为中间调的色调的范围。如图 9-6 所示为设置【阴影】选项组中的【色调宽度】参数值为100%后，提亮范围扩大至中间色调。

图 9-5 图像高光区域

3. 半径

【半径】参数是用来控制每个像素周围的局部相邻像素的大小。相邻像素用于确定像素是在阴影还是在高光中。向左移动滑块会指定较小的区域，向右移动滑块会指定较大的区域。如图 9-7 所示为当【高光】选项组中的【数量】参数值为 50%时，【半径】参数值分别为 0 像素或者 2500 像素得到的对比效果。

图 9-6 扩大提亮范围

半径的概念类似于上面的色调宽度，不过色调宽度是针对全图作用的。而半径是针对图像中暗调区域的大小而言的。它们的区别有点类似魔棒工具的邻近选取与非邻近选取一样。

图 9-7 不同【半径】参数值

4．颜色校正

【颜色校正】是在图像的已更改区域中微调颜色，此调整仅适用于彩色图像。例如，通过增大阴影【数量】滑块的设置，可以将原图像中较暗的颜色显示出来。这时可以希望这些颜色更鲜艳，而图像中阴影以外的颜色保持不变，如图9-8所示。

图 9-8　调整阴影颜色饱和度

5．中间调对比度

【中间调对比度】参数是调整中间调中的对比的。向左移动滑块会降低对比度，向右移动会增加对比度。如图9-9所示为【中间调对比度】参数最小值与最大值对比效果。

图 9-9　调整对比度

6．修剪黑色和修剪白色

【修剪黑色】与【修剪白色】参数是指定在图像中会将多少阴影和高光剪切到新的极端阴影（色阶为 0）和高光（色阶为 255）颜色的。百分比数值越大，生成的图像的对比度越大，如图9-10所示。

图 9-10　设置【修剪黑色】和【修剪白色】参数值

> **注　意**
>
> 在设置过程中不要把参数值设置太大，因为这样做会减小阴影或者高光的细节（强度值会被作为纯黑或者纯白色剪切并渲染）。

7．存储

在所有参数设置完成后，要想将这些参数替换该命令原来的默认参数，可以在对话框底部单击【存储为默认值】按钮存储当前设置，并且使它们成为【阴影/高光】命令的默认设置。如果要还原原来的默认设置，可以在按住 Shift 键的同时单击【存储为默认值】按钮。

在该对话框中【存储为默认值】按钮与【存储】和【载入】按钮作用不同。前者是更改该命令的默认设置，后者是将设置的参数值保存下来，以方便重复使用。方法同样是在设置好所有参数后，单击【存储】按钮，将其保存为后缀名是 SHH 的文件。然后就可以在以后的编辑后，打开【阴影/高光】对话框，直接单击【载入】按钮，即可选择保存的文件载入到该对话框中使用，如图9-11所示。

图 9-11　设置【存储】与【载入】参数值

9.1.3 【曝光度】命令

要使图像局部变亮，【曝光度】是一个很好
的命令。执行【图像】|【调整】|【曝光度】命
令，打开【曝光度】对话框，如图 9-12 所示，
图像没有任何变化。

提　示

【曝光度】对话框中包括的选项有【曝光度】、【位移】
与【灰度系数校正】等。其中的【预览】、【存储】与
【载入】功能与其他颜色调整命令中的相同。

图 9-12　【曝光度】对话框

1. 曝光度

【曝光度】参数是调整色调范围的高光端的，对极限阴影的影响很轻微。在默认情
况下，该选项的数值为 0.00，数值范围时
–20.00～+20.00。当滑块向左移动时，图像逐
渐变黑；当滑块向右移动时，高光区域中的图
像越来越亮。如图 9-13 所示为【曝光度】参数
值为正数的效果。

注　意

移动【曝光度】滑块时，在一定范围内，对最暗区域
的图像没有影响，只有超过这个范围，特别是当数值
为正数时，才会受其影响。

图 9-13　设置【曝光度】参数

2. 位移

【位移】参数，也就是偏移量，能使阴影和中间调变暗，对高光的影响很轻微。在
默认情况下，该选项的数值为 0.0000，数值范围是–0.50000～+0.50000。如图 9-14 所示

为负数的效果，发现图像中间调变暗。

当【位移】滑块向左移动时，除了高亮区域外，其他
图像逐渐变黑；当滑块向右移动时，图像就像蒙上一
层白纱。

3. 灰度系数校正

【灰度系数校正】参数是使用简单的乘方
函数调整图像灰度系数的。在默认情况下，该
选项的数值为 1.00，数值范围是 9.99～0.10。
当滑块向右移动时，除了图像蒙上一层白纱
外，最亮区域颜色也发生变化，如图 9-15 所示。
【位移】参数保持图像颜色不变，而【灰度系
数校正】参数则更改了高亮区域的图像颜色。

4. 吸管工具

在【曝光度】对话框中，有三个吸管工具，
分别为【设置白场】吸管工具 ✎、【设置灰场】
吸管工具 ✎ 与【设置黑场】吸管工具 ✎。使用
这三个吸管工具，可以在不设置参数情况下调
整图像明暗关系。

在默认情况下，【设置白场】吸管工具 ✎ 处
于被启用状态。该吸管工具将设置【曝光度】，
同时将单击的点改变为白色，如图 9-16 所示。

【设置灰点】吸管工具 ✎ 也是设置【曝光
度】选项的，同时将单击所选的值变为中度灰
色。如图 9-17 所示为启用该吸管工具，单击不
同的点得到的对比效果。

【设置黑场】吸管工具 ✎ 将设置【位移】
参数，同时将单击的像素改变为零。如图 9-18
所示为启用该吸管工具，单击不同的点得到的
对比效果。

图 9-14　设置【位移】参数

图 9-15　设置【灰度系数校正】参数

图 9-16　设置白场

图 9-17　设置灰场

图 9-18　设置黑场

在 Photoshop 中，有些颜色调整命令不需要复杂的参数设置，有的甚至没有对话框也可以更改图像颜色。

9.2.1 彩色图像变黑白图像

【阈值】命令是将灰度或者彩色图像转换为高对比度的黑白图像，其效果可用来制作漫画或版刻画。如图 9-19 所示为执行默认【阈值】命令后得到的效果显示。

提 示

阈值是将图像转化为黑白两色图像，可以指定阈值为1~255 亮度中任意一级。所有比阈值亮的像素转换为白色；而所有比阈值暗的像素转换为黑色。

图 9-19　默认阈值效果

9.2.2 一步色彩变换命令

在简单的颜色调整命令中，除了彩色转换为黑白图像命令外，还有将图像颜色反相，以及均化色调与分离色调等命令。

【反相】命令是用来反转图像中的颜色。在对图像进行反相时，通道中每个像素的亮度值都会转换为 256 级颜色值刻度上相反的值。例如，值为 255 的正片图像中的像素会被转换为 0，值为 5 的像素会被转换为 250。如图 9-20 所示为执行【反相】命令后得到的颜色效果显示。

图 9-20　将颜色反相

提 示

反相就是将图像中的色彩转换为反转色，如白色转为黑色，红色转为青色，蓝色转为黄色等。效果类似于普通彩色胶卷冲印后的底片效果。

【色调均化】命令是按照灰度重新分布亮度，将图像中最亮的部分提升为白色，最暗的部分降低为黑色。如图 9-21 所示为执行【色调均化】命令得到的效果显示。

图 9-21　执行【色调均化】命令

在图像中创建选区后也可以执行【色调均

化】命令，但是会弹出一个【色调均化】对话框。在对话框中启用【仅色调均化所选区域】选项，效果如图 9-22 左图所示；启用【基于所选区域色调均化整个图像】选项，效果如图 9-22 右图所示。

【色调分离】命令可以指定图像中每个通道的色调级或者亮度值的数目，然后将像素映射为最接近的匹配级别。如图 9-23 所示为执行默认【色调分离】命令得到的效果显示。

图 9-22　启用不同选项得到的效果对比

在大面积的单调区域中，执行此命令非常有用。最小数值为 2 时合并所有亮度到暗调和高光两部分，如图 9-24 左图所示；当数值为 255 时相当于没有效果，根据图像颜色的使用不同，效果不同，如图 9-24 右图所示，参数值为 20 时，就可以看到细微的变化。

图 9-23　执行【色调分离】命令

图 9-24　设置不同【色阶】数值的对比效果

9.3　整体色调转换

在处理图像过程中，会遇到将图像色调转换为另外一种色调的操作。其中一步操作就可以完成的命令包括【照片滤镜】命令、【渐变映射】命令以及【匹配颜色】命令。而【HDR 色调】命令则是包含明暗关系、色相饱和等选项的综合性色彩调整命令。

9.3.1　【照片滤镜】命令

【照片滤镜】命令是通过模拟相机镜头前滤镜的效果来进行色彩调整的，该命令还允许选择预设的颜色，以便向图像应用色相调整。

在【照片滤镜】对话框中，有预设的滤镜颜色，它能快速地使照片达到某种效果，其中包括【加温滤镜】、【冷却滤镜】以及【个别颜色】等选项，如图 9-25 所示。

图 9-25 设置【滤镜】选项

【浓度】选项用来调整应用于图像的颜色数量。浓度越高，图像颜色调整幅度就越大，反之颜色调整幅度就越小，如图 9-26 所示。

图 9-26 设置【浓度】选项

通过添加颜色滤镜可以使图像变暗，为了保持图像原有的明暗关系，必须启用【保留明度】选项，如图 9-27 所示。

图 9-27 启用与禁用【保留明度】选项

9.3.2 【渐变映射】命令

【渐变映射】命令可以将相等的图像灰度范围映射到指定的渐变填充色。指定双色渐变填充是图像中的阴影映射到渐变填充的一个端点颜色，高光映射到另一个端点颜色，而中间调映射到两个端点颜色之间的渐变，从而达到对图像的特殊调整效果，如图9-28所示。

图9-28　渐变映射效果

在默认情况下，【渐变映射】对话框中的【灰度映射所用的渐变】选项显示的是前景色与背景色，并且设置前景色为阴影映射，背景色为高光映射。两色以上的渐变映射可以使图像的色调变得更加丰富、自然，如图9-29所示。

在【渐变选项】中包含【仿色】与【反向】两个选项。【仿色】用于添加随机杂色以平滑渐变填充的外观并减少带宽效应，其效果不明显；【反向】用于切换渐变填充的方向，从而反向渐变映射，如图9-30所示。

图9-29　多色渐变映射

图9-30　仿色与反向

提 示

颜色的明度范围是0～100，而渐变也是0～100，由此我们可以将渐变上的色点不改变明度，而改变色相和饱和度，就可以得到不同明度的渐变映射。

9.3.3 【匹配颜色】命令

【匹配颜色】命令用来匹配不同图像之间、多个图层之间或者多个颜色选区之间的颜色。还允许通过更改亮度和色彩范围以及中和色痕来调整图像中的颜色。首先要准备两个不同色调的图像，如图9-31所示。

1. 异文档匹配

匹配不同图像中颜色的前提是必须打开两幅图像文档，然后选中想要更改颜色的图像文档，在对话框的【源】下拉列表中选择另一幅图像文档。结束后【目

图9-31　不同色调图像

标】图像的色调会更改为【源】图像中的色调,如图 9-32 所示。

　　【中和】可以用来自动移去目标图像中的色痕,在选择【源】图像文件后,启用该选项,目标图像的颜色与【源】图像的颜色相中和,如图 9-33 所示。

Photoshop CC 图像处理标准教程

 图 9-32　不同文档匹配　　　　　　　　 图 9-33　启用【中和】选项

　　还可以通过【明亮度】、【颜色强度】与【渐隐】选项来改变匹配颜色后的效果。其中【明亮度】选项用来增加或者减小目标图像的亮度;【颜色强度】选项用来调整目标图像的色彩饱和度;【渐隐】选项用来控制应用于图像的调整量,如图 9-34 所示。

 图 9-34　设置不同图像选项

2. 选区匹配

　　当【源】图像中存在选区时,【匹配颜色】对话框中的【使用源选区计算颜色】选项可用。启用该选项后,目标图像会更改为【源】图像选区中的色调,如图 9-35 所示。

 图 9-35　启用【使用源选区计算颜色】选项

启用【使用目标选区计算调整】选项,可以不通过另外一幅图像更改图像色调。在禁用【应用调整时忽略选区】选项的情况下,只更改选区中的色调;反之更改整幅图像色调。

3．同文档匹配

在没有选区的情况下,如果目标图像文档中包括两个或者两个以上图层,同样不需要第二个图像文件。这时只要在【图层】列表中选择目标图像文件中的另外一个图层即可。

9.3.4 【HDR 色调】命令

【HDR 色调】命令可将全范围的 HDR 对比度和曝光度设置应用于各个图像。【HDR 色调】命令可用来修补太亮或太暗的图像,制作出高动态范围的图像效果。执行【图像】|【调整】|【HDR 色调】命令,弹出【HDR 色调】对话框,如图 9-36 所示。

图 9-36　【HDR 色调】对话框

1．预设效果

当选中一幅图像文档,并执行【图像】|【调整】|【HDR 色调】命令,弹出【HDR 色调】对话框后,默认情况下,图像就会进行明暗关系的调整,如图 9-37 所示。

在【HDR 色调】对话框的【预设】下拉列表中,除了【默认值】与【自定】选项外,还包括 16 个选项,通过这些选项的选择,能够直接得到想要的调整效果,如图 9-38 所示为部分预设效果。

图 9-37　默认调整效果

单色高对比度

更加饱和

逼真照片高对比度

饱和

超现实高对比度　　　超现实

图 9-38　预设效果

2．边缘光

【边缘光】选项组中的【半径】选项是用来指定局部亮度区域的大小，参数值范围为 1～500 像素。【强度】选项是用来指定两个像素的色调值相差多大时，它们属于不同的亮度区域，参数值范围为 0.10～4.00。同时设置这两个选项参数值，能够调整整幅画面的细节亮度，如图 9-39 所示。

图 9-39　调整画面的细节亮度

3．色调和细节

【色调和细节】选项组中的【灰度系数】选项设置为 1.0 时动态范围最大；较低的设置会加重中间调，而较高的设置会加重高光和阴影。【曝光度】选项参数值反映光圈大小，而拖动【细节】滑块可以调整锐化程度，拖动【阴影】和【高光】滑块可以使这些区域变亮或变暗，如图 9-40 所示。

图 9-40　设置不同选项效果

4．颜色

【颜色】选项组中的【自然饱和度】选项可调整细微颜色强度，同时尽量不剪切高度饱和的颜色。而【饱和度】选项则调整从–100（单色）～+100（双饱和度）的所有颜色的强度，如图 9-41 所示。

图 9-41　不同选项效果

5．色调曲线和直方图

【色调曲线和直方图】选项在直方图上显示一条可调整的曲线，从而显示原始的 32 位 HDR 图像中的明亮度值。横轴的红色刻度线以一个 EV（约为一级光圈）为增量。当调整该直线为曲线后，能够改变图像明暗关系，如图 9-42 所示。

图 9-42　调整色调曲线效果

默认情况下,【色调曲线和直方图】选项可以从点到点限制所做的更改并进行色调均化。要移去该限制并应用更大的调整,在曲线上插入点之后选择【边角】选项。在插入并移动第二个点时,曲线会变为尖角。

6. 多图层效果调整

【HDR 色调】命令不仅能够针对单幅图像进行明暗关系、细节亮度、色彩饱和度等效果的调整,还能够将同一幅图像的不同色调调整为正常色调,并且将其合并为一幅图像。

方法是将不同色调的图像放置在同一个文档中,这些图像内容相同但是色调不同,有些明度过低,有些明度过高等,如图 9-43 所示。

图 9-43 不同色调的图像

这时,选中【图层】面板中的最上方图像,执行【图像】|【调整】|【HDR 色调】命令,Photoshop 会弹出【脚本警告】对话框,提醒执行该命令会将文档中的图像合并。单击【是】按钮后,弹出【HDR 色调】对话框,这时图像会显示默认值效果,如图 9-44 所示。

在该对话框中,重新调整【边缘光】、【色调和细节】等选项组中的选项,即可得到色彩丰富、色调明亮的效果,如图 9-45 所示。单击【确定】按钮后,不仅得到正常的图像色调,还将多幅图像合并为一幅图像。

图 9-44 弹出【HDR 色调】对话框

图 9-45 合并并调整图像

9.4 课堂练习：为照片调出冷色调

本实例是为照片调出冷色调效果，主要是通过在【通道】面板中的 RGB 颜色的调整来完成，然后复制颜色最为明显的通道返回图层，通过对【色相/饱和度】的调整，得到最终的效果如图 9-46 所示。

图 9-46　最终效果

操作步骤：

① 新建一个 1024 像素×768 像素的文档，导入人物素材，打开【通道】面板，复制"绿"通道，启用【滤镜】|【其他】|【高反差保留】，设置【半径】为 10，如图 9-47 所示。

图 9-47　复制"绿"通道

② 执行【图像】|【计算】命令，设置参数，启用三次，得到 Alpha 3 效果，如图 9-48 所示。

③ 按 Ctrl 键单击 Alpha 3 通道图层，回到【图层】面板，按快捷键 Ctrl+Shift+I 反选，调整【曲线】设置参数，得到人物磨皮效果，如图 9-49 所示。

图 9-48　Alpha 3 效果

图 9-49　调整【曲线】命令

4 执行【图像】|【调整】|【亮度/对比度】命
令，设置参数，如图 9-50 所示。

图 9-51 调整色阶效果

图 9-50 调整【亮度/对比度】命令

5 按快捷键 Ctrl+A，全选【通道】面板上的"红"
通道，按快捷键 Ctrl+C 复制，回到【图层】
面板，新建图层，按快捷键 Ctrl+V 粘贴到
图层，调整色阶，如图 9-51 所示。

6 按快捷键 Ctrl+U，弹出【色相/饱和度】对
话框，设置参数，将图层混合模式改为【强
光】，如图 9-52 所示。

图 9-52 填充颜色

9.5 课堂练习：制作颓废的黑白照片

本实例将要制作颓废的照片。本实例使用了【曲线】和【亮度/对比度】命令，将照
片的高光调出来，并且结合【色彩范围】命令，选择颜色的范围，利用【画笔工具】 ✎
为照片添加喷溅效果，如图 9-53 所示。

图 9-53 最终效果

操作步骤:

1　打开素材图片，按快捷键 Ctrl+J 将"背景"图层复制并命名为"图层 1"，如图 9-54 所示。

图 9-54　复制背景图层

2　选择"图层1"，执行【图像】|【调整】|【去色】命令，将色彩图像转换为灰色图像，如图 9-55 所示。

图 9-55　执行【去色】命令

3　执行【图像】|【调整】|【曲线】命令，调整【输出】为 239，【输入】为 175，如图 9-56 所示。

图 9-56　调整【曲线】命令

4　执行【图像】|【调整】|【亮度/对比度】命令，设置【亮度】为-66，【对比度】为 66，如图 9-57 所示。

图 9-57　调整【亮度/对比度】命令

5　执行【选择】|【色彩范围】命令，用取样颜色在人物脸上点选颜色，设置【颜色容差】为 170，如图 9-58 所示。

6　执行完【色彩范围】命令后，会得到一个选区，按快捷键 Ctrl+Shift+N 新建"图层 2"，按快捷键 Ctrl+Delete 进行填充黑色，如图 9-59 所示。

图 9-58　设置【色彩范围】命令

图 9-59　填充颜色

7　隐藏"图层 1"和"背景"图层，然后按快捷键 Ctrl+Shift+N 新建"图层 3"，按快捷键 Ctrl+Delete 进行填充白色，将其移动到"图层 2"的下面，如图 9-60 所示。

图 9-60　移动效果

8　选择【横排文字工具】，在工具选项栏中选择合适的【字体】、【字体大小】和【颜色】，输入所需的内容，如图 9-61 所示。

图 9-61　输入文字

9　执行【图层】|【图层样式】|【投影】命令，设置【角度】为 30 度，【距离】为 12 像素，【大小】为 10 像素，如图 9-62 所示。

图 9-62　设置【投影】命令

10　启用【颜色叠加】命令，设置【混合模式】为【正常】，颜色为#525252，【不透明度】为 100%，然后按快捷键 Ctrl+T 对文字进行旋转，如图 9-63 所示。

11　按快捷键 Ctrl+Shift+N 新建"图层 4"，选择【画笔工具】调整画笔大小，在"图层 4"上绘制出刷粒的特效，最终完成效果，如图 9-64 所示。

图 9-63 ___ 设置【颜色叠加】命令

设置

图 9-64 ___ 绘制刷粒特效

9.6 思考与练习

一、填空题

1. 既可以单独改善图像阴影区域的亮度，也可以增加该区域的颜色饱和度是【_____】命令。

2.【_____】命令既可以将彩色图像转换为灰色图像，也可以转换为单色调图像。

3. 要使图像局部变亮，【_____】是一个很好的命令。

4.【_____】命令能够将图像的色阶明显地进行区分。

5.【_____】命令可将全范围的 HDR 对比度和曝光度设置应用于各个图像。

二、选择题

1. 下面的_____命令能够单独调整图像的阴影区域。

　　A.【亮度/对比度】

　　B.【阴影/高光】

　　C.【曝光度】

　　D.【黑白】

2. 下面的_____命令不能够将彩色图像转换为黑白图像。

　　A.【黑白】

　　B.【反相】

　　C.【去色】

　　D.【阈值】

3.【反相】命令的快捷键是_____。

　　A. Shift+I

　　B. Ctrl+Alt+I

　　C. Ctrl+Shift+I

　　D. Ctrl+I

4. 下面的_____命令是通过模拟相机镜头前滤镜的效果来进行色彩调整的。

　　A.【照片滤镜】

　　B.【渐变映射】

　　C.【匹配颜色】

　　D.【HDR 色调】

5. 下面的_____命令不能够调整图像的饱和度。

　　A.【阴影/高光】

　　B.【匹配颜色】

　　C.【亮度/对比度】

　　D.【HDR 色调】

三、问答题

1. 什么命令能够将图像中的阴影区域显示出细节？

2.【黑白】命令在彩色图像转换为灰色图像时有哪些优势？

3.【照片滤镜】命令中的【保留亮度】选项有何作用？

4. 简要说明【匹配颜色】命令的使用方法。

5. 简要说明【HDR 色调】命令与其他调色命令的区别。

四、上机练习

1. 重现阴影区域中的图像效果

当图像中的局部细节隐藏在阴影区域，并且无法显示时，可以通过【阴影/高光】命令将阴影区域中的细节重现。为了使重现后的效果更加清晰，这里不仅设置了【阴影】与【高光】选项组中的【数量】参数值，还设置了这两个选项组中的【色调宽度】参数值。使得调整后的阴影与高光对比效果更加和谐，如图 9-65 所示。

🌑 **图 9-65** 重现阴影区域中的图像效果

2. 合并调整多幅图像

对于相同内容而不同色调的图像来说，要想将其调整为正常色调，最简单的方法就是将这两幅图像放置在同一文档中。然后执行【图像】|【调整】|【HDR 色调】命令，将其合并为一幅图像后，在【HDR 色调】对话框调整相关选项，从而得到一幅色调丰富的图像，如图 9-66 所示。

🌑 **图 9-66** 合并调整多幅图像

第 10 章
高级色彩调整

　　在 Photoshop 图像色彩调整过程中，彩色图像是一个复杂的色彩组合。彩色图像既是通过明度、色相与饱和度等要素组成，也是通过通道色彩组合而成。所以彩色图像除了能够简单地进行明暗关系、色调改变等操作外，还能够根据不同的图像信息使用相应的颜色校正命令，可以精确地增强、修复和校正图像中的颜色效果。例如，根据色彩三要素更改图像颜色、利用通道调整图像色调或者改变图像中的个别颜色等。

　　在本章中，主要介绍以色相、饱和度、通道颜色以及单个颜色为基准的颜色调整命令，从而掌握更加复杂的图像色彩调整操作。

本章学习要点：

> ➢ 色相/饱和度
> ➢ 色阶
> ➢ 曲线
> ➢ 色彩平衡

10.1 调整颜色三要素

任何一种色彩都有它特定的明度、色相和纯度。所以我们把明度、色相、纯度称为色彩的三要素。在 Photoshop 中有两个命令是专门调整图像颜色三要素的,那就是【色相/饱和度】与【替换颜色】命令。

10.1.1 【色相/饱和度】命令

【色相/饱和度】命令可以调整图像中特定颜色分量的色相、饱和度和亮度,根据颜色的色相和饱和度来调整图像的颜色。这种调整应用于特定范围的颜色,或者对色谱上的所有颜色产生相同的影响。执行【图像】|【调整】|【色相/饱和度】命令,弹出【色相/饱和度】对话框,如图10-1所示。

1. 参数设置

在【色相/饱和度】对话框中,【色相】、【饱和度】、【明度】三个参数设置选项依据色彩三要素原理来调整图像的颜色。

【色相】选项用来更改图像色相,在参数栏中输入参数或者拖动滑块,可以改变图像的颜色信息外观,如图10-2所示。

【饱和度】选项控制图像彩色显示程度,在参数栏中输入参数或者拖动滑块,可以改变图像的色彩浓度,当饱和度数值为负值时,状态色谱显示为灰色,这说明图像已经不是彩色,而是无彩色图像,如图10-3所示。

【明度】选项控制图像色彩的亮度,在参数栏中输入参数或者拖动滑块,可以改变图像的明暗变化,当明度数值为负数时,图像上方覆盖一层不同程度的不透明度黑色;当明度数值为正数时,图像上方覆盖一层不同程度的不透明度白色,如图10-4所示。

> **注 意**
>
> 在【色相/饱和度】对话框中显示了两个色谱,它们以各自的顺序表示色轮中的颜色。下方的状态色谱根据不同选项和设置情况而改变,上方的固定色谱则起到参照作用。

图 10-1　【色相/饱和度】对话框

色相(H)　　+168

图 10-2　改变色相

饱和度(A)　-50　　　饱和度(A)　+50

图 10-3　改变饱和度

明度(I)　-50　　　明度(I)　+50

图 10-4　改变明度

2. 单色调设置

启用【着色】选项，可以将画面调整为单一色调的效果，它的原理是将一种色相与饱和度应用到整个图像或者选区中。启用该选项，如果前景色是黑色或者白色，则图像会转换成红色色相；如果前景色不是黑色或者白色，则会将图像色调转换成当前前景色的色相，如图10-5所示。启用【着色】选项，色相的取值范围为0～360，饱和度取值范围为0～100。

图 10-5　启用【着色】选项

3. 颜色蒙版功能

颜色蒙版专门针对特定颜色进行更改而其他颜色不变，以达到精确调整颜色的目的。在该选项中可以对红色、黄色、绿色、青色、蓝色、洋红6种颜色进行更改。在下拉列表中默认的是全图颜色蒙版，选择除全图选项外的任意一种颜色编辑，在图像的色谱会发生变化，如图10-6所示。

图 10-6　改变红色

除了选择颜色蒙版列表中的颜色选项外，还可以通过吸管工具选择列表中的颜色或者近似的颜色。在颜色蒙版列表中任意选择一个颜色后，使用【吸管工具】在图像中单击，可以更改要调整的色相，如图10-7所示。

图 10-7　颜色范围

4. 自然饱和度

【自然饱和度】命令调整饱和度，以便在颜色接近最大饱和度时最大限度地减少修剪。该调整增加与已饱和的颜色相比不饱和颜色的饱和度，通过该命令还可防止肤色过度饱和。执行【图像】|【调整】|【自然饱和度】命令，弹出该命令对话框，发现其中只包括两个选项，如图10-8所示。

图 10-8　【自然饱和度】
　　　　　对话框

要将更多调整应用于不饱和的颜色并在颜色接近完全饱和避免颜色修剪，可以通过调整【自然饱和度】选项，只要将该选项滑块向左侧或者右侧移动即可，如图10-9所示。

要将相同的饱和度调整量用于所有的颜色（不考虑其当前饱和度），可以移动【饱和度】滑块。在某些情况下，这可能会比【色相/饱和度】对话框中的【饱和度】滑块产生更少的带宽，如图10-10所示。

图 10-9　　【自然饱和度】选项

图 10-10　　【饱和度】选项

10.1.2 【替换颜色】命令

【替换颜色】命令是在图像中基于特定颜色创建蒙版，然后替换图像中的那些颜色。它用来替换图像中指定的颜色，并可以设置替换颜色的色相、饱和度和亮度属性，该功能只能调整某一种颜色。执行【图像】|【调整】|【替换颜色】命令，弹出【替换颜色】对话框，如图10-11所示。

打开【替换颜色】对话框后，显示的选取颜色是前景色，这时【吸管工具】 处于可用状态，可以在图像中单击选取要更改的颜色，在选区颜色范围预览框中，白色区域为选中区域，黑色区域为被保护区域，如图10-12所示。

扩大或者缩小颜色范围可以使用【添加到取样】工具 与【从取样中减去】工具 ，如图10-13所示。

图 10-11　　【替换颜色】对话框

在【替换颜色】命令中，还有一种扩大或者缩小颜色范围的方法，就是通过【颜色容差】选项。当【颜色容差】参数值大于默认参数值时，颜色范围就会扩大。

图 10-12　　选择颜色

图 10-13　　扩大选区

选取颜色选区后替换颜色方法为拖动【替换】选项区域中的【色相】、【饱和度】与【明度】滑块，或者直接在相应的文本框中输入数值，同时也可以双击【结果】颜色显示框，打开【拾色器】对话框，在该对话框中可以选择一种颜色作为更改的颜色，如图 10-14 所示。

图 10-14　替换颜色

10.2　调整通道颜色

在图像色调调整命令中，除了能够为色相、饱和度等信息进行色彩设置外，还能够通过颜色信息通道调整图像色彩，如【色阶】、【曲线】与【通道混和器】命令。其中，【色阶】和【曲线】命令不仅能够进行单独颜色信息通道的调整，还可以进行复合通道信息的调整，而在【通道混和器】命令中，只能在单独的颜色信息通道中调整颜色。

10.2.1　【色阶】命令

【色阶】命令主要是用来调整图片的亮部与暗部，整体的或局部的，操作时色调变化直观，简单且实用。其主要通过高光、中间调和暗调 3 个变量进行图像色调调整。当图像偏亮或偏暗时，可使用此命令调整其中较亮和较暗的部分，对于暗色调图像，可将高光设置为一个较低的值，以避免太大的对比度。执行【图像】|【调整】|【色阶】命令（快捷键 Ctrl+L），弹出【色阶】对话框，如图 10-15 所示。

图 10-15　【色阶】对话框

1．输入色阶

在【色阶】对话框中，主要调整选项为【输入色阶】选项，该选项可以用来增加图像的对比度。它有两种调整方法，一种是通过拖动色阶的三角滑块进行调整；另外一种是直接在【输入色阶】文本框中输入数值。其中左侧的黑色三角滑块用于控制图像的暗调部分，数值范围为 0～253。当该滑块向右拖动时，增大图像中的暗调的对比度，使图像变暗，而相应的数值框也发生变化，如图 10-16 所示。

右侧的白色三角滑块用于控制图像的高光对比度，数值范围为 2～255。当该滑块向左拖动时，将增大图像中的高光对比度，使图像变亮，而相应的数值框也发生变化，如图 10-17 所示。

图 10-16　调整暗调区域

图 10-17　调整高光区域

Photoshop CC 图像处理标准教程

210

中间的黑色滑块用于调整中间色调的对比度，可以控制在黑场和白场之间的分布比例，数值小于 1.00 时图像变暗；大于 1.00 时图像变亮。如果往暗调区域移动，图像将变亮，因为黑场到中间调的这段距离，比起中间调到高光的距离要短，这代表中间调偏向高光区域更多一些，因此图像变亮了；如果向右拖动会产生相反的效果，使图像变暗，如图 10-18 所示。

图 10-18　调整中间调区域

注 意

无论是向左或者向右拖动绘制滑块，滑块的位置都不能超过黑白两个箭头之间的范围。

2. 输出色阶

【输出色阶】选项可以降低图像的对比度，其中的黑色三角用来降低图像中暗部的对比度，向右拖动该滑块，可将最暗的像素变亮，就像在其上方覆盖了一层半透明的白纱，其取值范围是 0～255；白色三角用来降低图像中亮部的对比度，向左拖动滑块，可将最亮的像素变暗，图像整体色调变黑，其取值范围是 255～0，如图 10-19 所示。

图 10-19　设置输出色阶

如果将【输出色阶】的滑块向左或向右拖动后，再将【输入色阶】滑块向右或向左拖动，图像色调会发生变化，这是因为在【输出色阶】选项中提高或降低了图像的整体对比度，用户是在调整整体亮度或暗度的基础上操作输入色阶选项的。

3. 通道

【通道】选项用于选择特定的颜色通道，以调整其色阶分布。【通道】选项中的颜色通道是根据图像模式来决定的，当图像模式为 RGB 时，该选项中的颜色通道为 RGB、红、绿与蓝；当图像模式为 CMYK 时，该选项中的颜色通道为 CMYK、青色、洋红、黄色与黑色，如图 10-20 所示。

例如，在 RGB 模式中，选择【通道】下拉列表中的【红】通道后，将【输入色阶】中的黑色滑块向右拖动，发现图像不会变暗，而是由阴影区域向高光区域转变为青绿色；如果将白色滑块向左拖动，整个图像不会变亮，而是由高光区域向阴影区域变为红色，如图 10-21 所示。总之，当移动滑块的时候，暗部变化所倾向的颜色与亮部所倾向的颜色为互补色。

图 10-20　CMYK 模式

技 巧

当灰色滑块向左拖动时，图像中的红色像素增加；当灰色滑块向右拖动时，图像中的青绿色像素增加，但是与黑色滑块向右、白色滑块向左所产生的效果不同，这是由中间调向周围转变的。

　　如果在黑色滑块向右拖动的同时，将白色滑块向左拖动，这时图像中的阴影区域呈现绿色，高光区域呈现红色，如图 10-22 所示。

图 10-21　调整【红】通道颜色信息

图 10-22　同时调整阴影与高光

　　如果在【输出色阶】中向右拖动黑色滑块，将会显示整个图像覆盖一层半透明红色；向左拖动白色滑块，则显示整个图像覆盖一层半透明青绿色，如图 10-23 所示。

图 10-23　设置【红】通道中的【输出色阶】

4. 双色通道

　　【色阶】命令除了可以调整单色通道中的颜色，还可以调整由两个通道组成的一组颜色通道。但是【通道】下拉列表中没有该选项，只有结合【通道】面板才能调整双色通道。方法是在【通道】面板中结合 Shift 键，选中其中的两个单色通道，如图 10-24 所示。

　　当【输入色阶】中的黑色滑块向右拖动时，图像中的红色与黑色像素增加。完成设置后返回 RGB 通道，图像由阴影区域到高光区域发生了细微变化，如图 10-25 所示。

图 10-24　选择双色通道

提 示

在默认的【红】通道中，向右拖动【输入色阶】中的黑色滑块，图像中增加青绿色与黑色，而在 RG 双色通道中设置相同的参数，则在图像中增加绿色与黑色。这是因为红色通道与绿色通道相组合的缘故。

图 10-25　调整双色通道

5. 自动颜色校正

用户可以在【自动颜色校正】选项栏里更改默认参数，单击对话框中的【选项】按钮，打开【自动颜色校正】对话框，然后调整自己需要的参数。

10.2.2 【曲线】命令

【曲线】命令可以调节任意局部的亮度和颜色，也可以调节全体或是单独通道的对比。它不仅可以使用三个变量（高光、暗调、中间调）进行调整，而且可以调整 0~255 范围内的任意点，还可以使用曲线对图像中的个别颜色通道进行精确的调整。执行【图像】|【调整】|【曲线】命令（快捷键 Ctrl+M），弹出【曲线】对话框，如图 10-26 所示。

图 10-26　　【曲线】对话框

1. 预设选项

【曲线】对话框中的【预设】选项是已经调整后的参数，在该选项的下拉列表中包括【默认值】、【自定】与 9 种预设效果选项，选择不同的预设选项会得到不同的效果，如图 10-27 所示。

原图　　　　　　　　彩色负片　　　　　　　　反冲

线性对比度　　　　　　　　负片　　　　　　　　强对比度

图 10-27　　预设效果

第 10 章　高级色彩调整

2．曲线显示选项

在【曲线】对话框中，显示了要调整图像的直方图，直方图能够显示图片的阴影、中间调、高光，并且显示单色通道。要想隐藏直方图，禁用【曲线显示选项】组中的【直方图】复选框即可，如图 10-28 所示。

在曲线编辑窗口中有两种显示模式，一种是 RGB，另一种就是 CMYK，RGB 模式的图像以光线的渐变条显示，CMYK 模式的图像以油墨的渐变条显示，方法是启用【显示数量】的【颜料/油墨】选项。

在【曲线显示选项】选项组中，还有曲线编辑窗口的方格显示选项、【通道叠加】选项、【基线】选项等。这些选项可以更加准确地编辑曲线。

图 10-28　禁用【直方图】选项

3．调整图像明暗关系

可以使用【曲线】命令来提高图像的亮度和对比度，具体方法是在对角线的中间单击，添加一个点，然后将添加点向上拖动，此时图像逐渐变亮，如图 10-29 所示。相反，如果将添加点向下拖动，图像则逐渐变暗。

如果图像对比度较弱，可以在【曲线】对话框里增加两个点，然后将最上面的增加点向右上角拉，增加图像的亮部，最下面的增加点向左下角拉，使得图像的暗部区域加深，如图 10-30 所示。

图 10-29　提亮图像

4．自由曲线

要改变网格内曲线的形状，并不只限于增加和移动控制点。还可以启用【曲线】对话框中的【铅笔工具】，它可以根据自己的需要随意绘制形状，如图 10-31 所示。

使用铅笔绘制完形状之后，会发现曲线的形状会凸凹不平，这时可以单击【平滑】按钮，

图 10-30　增强对比度

它能使凸凹不平的曲线形状变得平滑，单击它的次数越多，绘制的曲线就会越平滑，如图 10-32 所示。其中，【曲线】按钮能将铅笔绘制的线条转换为普通的带有节点的曲线。

| 图 10-31 | 绘制自由曲线 | 图 10-32 | 平滑曲线 |

5．调整通道颜色

【曲线】命令在单独调整颜色信息通道中的颜色时，可以增加曲线上的点来细微地调整图像的色调。

例如，选择【通道】下拉列表中的【红】选项，在直线中单击添加一个控制点，然后向上拖动，这时图像会偏向于红色，如图 10-33 所示。如果在【红】通道的直线上添加一个控制点，并且向右下角拖动，这时图像会偏向于青绿色。

在【红】通道中调整完之后，返回 RGB 复合通道，会发现【曲线】的编辑窗口中增加了一条红色的曲线，这说明在所有通道中，只有红通道发生了变化，如图 10-34 所示。

| 图 10-33 | 调整【红】通道信息 |

提 示

在【曲线】命令中，也可以使用双通道来改变图像的颜色。其操作方法与【色阶】命令基本相同，只是在调整过程中采用的是拖动曲线的方式。

10.2.3 【通道混和器】命令

| 图 10-34 | 调整后显示 |

【通道混和器】命令是用来在某些通道缺乏颜色资讯时可以对图像作大幅度校正，使用某一颜色通道的颜色资讯作用其他颜色通道的颜色，它可以对偏色现象作校正，可以从每个颜色通道中选取它所占的百分比来创建高品质的灰度图像，还可以创建高品质的棕褐色调或者其他彩色图像。

该对话框中的【输出通道】下拉列表中的选项和【源通道】选项会根据图像的颜色模式有所变化，该命令分为 RGB 模式与 CMYK 模式两种混合方式，如图 10-35 所示。

1. 预设选项

在【通道混和器】对话框中，【预设】下拉列表中包含了【默认值】、【自定】以及其他 6 种预设效果选项。当选择这 6 种选项后，能够直接得到以不同颜色为主的黑白效果，如图 10-36 所示。

2. 源通道

在【通道混和器】对话框中，主要是通过【源通道】选项来调整颜色的，该选项中显示的颜色参数是由图像模式来决定的。

图 10-35 不同模式的选项显示

红外线的黑白

使用蓝色滤镜的黑白

使用绿色滤镜的黑白

使用橙色滤镜的黑白

使用红色滤镜的黑白

使用黄色滤镜的黑白

图 10-36 预设效果

颜色通道是代表图像（RGB 或 CMYK）中颜色分量的色调值的灰度图像，在使用【通道混和器】时，就是在通过源通道向目标通道加减灰度数值，当【输出通道】为【红】通道时，设置【源通道】中的各种颜色数值，图像会发生相应的变化，如图 10-37 所示。

图 10-37 各个颜色数值

3. 输出通道

以上所讲的是以【红】通道为输出通道的【源通道】选项，选择【输出通道】为【绿】通道或者【蓝】通道，【源通道】中的颜色信息参数相同，虽然设置相同的参数，但会出现不同的效果，如图 10-38 所示。

图 10-38　相同参数不同输出通道效果

4. 单色

【通道混和器】对话框中的【单色】选项用来创建高品质的灰度图像。该选项在将彩色图像转换为灰度图像的同时，还可以调整颜色信息参数，以调整其对比度。

启用【单色】选项将彩色图像转换为灰色图像后，要想调整其对比度，必须是在当前对话框中调整，否则就是在为图像上色。要想为灰色图像上色，还可以在【通道混和器】对话框中启用【单色】选项后再禁用该选项，即可设置【源通道】参数为其上色，如图 10-39 所示。

图 10-39　灰度与单色效果

5. 常数

【通道混和器】对话框中的【常数】选项用于调整输出通道的灰度值。负值增加更多的黑色，正值增加更多的白色。【常数】选项分为两种效果，在彩色图像的通道中设置【常数】选项，最大值的效果与所有颜色信息参数均为最大值的相同；最小值的效果与所有颜色信息参数均为最小值的相同，如图 10-40 所示。

图 10-40 设置【常数】选项

10.3 校正单个颜色

在色彩调整命令中，除了按照色调、通道信息调整颜色外，还有专门调整个别颜色的命令，那就是【色彩平衡】命令与【可选颜色】命令。前者是在明暗色调中增加或者减少某种颜色；后者是在某个颜色中增加或者减少颜色含量。

10.3.1 【色彩平衡】命令

【色彩平衡】命令在【色调平衡】选项中将图像笼统地分为【阴影】、【中间调】和【高光】3 个色调，每个色调可以进行独立的色彩调整。该命令能进行一般性的色彩校正，它可以改变图像颜色的构成，但不能精确控制单色通道，只能作用于复合颜色通道。执行【图像】|【调整】|【色彩平衡】命令（快捷键 Ctrl+B），弹出【色彩平衡】对话框，如图 10-41 所示。

图 10-41 【色彩平衡】对话框

1．颜色参数

该命令是根据在校正颜色时增加基本色，降低相反色的原理工作的。在其对话框中，青色与红色、洋红与绿色、黄色与蓝色分别相对应，因此想要修改图像某种颜色信息，只需要调整该种颜色对应的相反颜色参数值就能达到修改的目的。例如，在颜色参数选项中增加黄色参数值，对应的蓝色就会减少；反之就会出现反效果，如图 10-42 所示。

图 10-42 增加黄色或蓝色

2. 调整区域

依据图像中不同色调显示的是不同的颜色，所以在图像中的【阴影】、【中间调】与【高光】区域中添加同一种颜色，会得到不同的效果，如图 10-43 所示。

图 10-43　设置不同色调区域中的相同选项

提　示

不管是在哪个色调中添加颜色，如果同时向相同的方向拖动，增加相同数值的颜色，其效果与原图相同。

3. 亮度选项

在【色彩平衡】命令中的颜色自身带有一定的亮度，当启用【保持明度】选项时，调整颜色参数不会破坏原图像亮度，因为该选项的作用是在三基色增加时下降亮度，在三基色减少时提高亮度，从而抵消三基色增加或者减少时带来的亮度改变。

色彩平衡滑块右侧的颜色本身带有提高明度的功能。当禁用【保持明度】选项时将颜色数值设置到最大后，在增加颜色信息的同时提高了整幅图像的亮度，而当启用该选项时设置相同的数值，图像还是保持原有的亮度，如图 10-44 所示。

图 10-44　启用与禁用【保持明度】选项

10.3.2 【可选颜色】命令

【可选颜色】命令用于在 RGB 色彩空间中校正图像并转换为 CMYK 空间准备交付印刷前的二次校正，也就是调整单个颜色分量的印刷色数量，是针对 CMYK 模式的图像

颜色调整，当然也可以在 RGB 模式的图像中使用它，使用该命令可以在这两种色彩空间中拥有更多的校正空间和可使用的色彩。执行【图像】|【调整】|【可选颜色】命令，弹出【可选颜色】对话框，如图 10-45 所示。

图 10-45　【可选颜色】对话框

1．减去颜色参数

因为该命令主要是针对 CMYK 模式图像的颜色调整，所以颜色参数为青色、洋红、黄色与黑色。当选择的颜色中包含颜色参数中的某些颜色时，就会发生较大的改变，反之效果不明显，如图 10-46 所示。

图 10-46　减去黄色信息

2．增加颜色参数

在图像颜色中增加颜色参数时，基本上不会更改颜色色相，并且会发现增加某些颜色参数产生的变化较大，某些颜色参数产生的变化较小，这是因为颜色含量比例问题，如图 10-47 所示。

图 10-47　增加颜色信息

3．调整不同颜色

【可选颜色】校正是高端扫描仪和分色程序使用的一项技术，它可以在图像中的每个加色和减色的原色分量中增加和减少色的量。通过增加和减少与其他油墨相关的油墨数量，可以有选择地修改任何原色中印刷色的数量，而不会影响任何其他原色，并且可以在同一对话框中调整不同的颜色，如图 10-48 所示。

图 10-48　为不同颜色增加油墨数量

4．调整方法

【相对】方法按照总量的百分比更改现有的青色、洋红、黄色或者黑色的量；【绝对】方法是采用绝对值调整颜色，图像调整的效果比较明显，如图 10-49 所示。

🔵 **图 10-49** 　【相对】方法与【绝对】方法

10.4　课堂练习：给美女的衣服换色

本实例使用颜色调整命令，给美女的衣服换颜色，如图 10-50 所示。在制作的过程中，通过使用【钢笔工具】✐画出衣服的轮廓，转换为选区后，利用【通道混和器】命令，将美女的衣服颜色调整为红色。然后调整花朵的颜色以及画面的整体色调，完成为美女衣服换色效果的制作。

🔵 **图 10-50** 　为美女衣服换色

操作步骤：

1️⃣ 新建 2560 像素 × 1600 像素的空白文档，按快捷键 Ctrl+O 打开背景素材，将背景素材导入该文档中，如图 10-51 所示。

2️⃣ 使用【钢笔工具】✐在画布中绘制出美女衣服的轮廓，并按快捷键 Ctrl+Enter 将轮廓转换为选区，如图 10-52 所示。

3️⃣ 按快捷键 Ctrl+J 将选区中的内容复制一层，执行【图像】|【调整】|【通道混和器】命令，打开【通道混和器】对话框，设置参数，如图 10-53 所示。

图 10-51 导入素材

图 10-52 绘制选区

图 10-53 设置【通道混和器】参数

注 意

为了保护原来的图像，在更改选区中的颜色时，先将选区中的内容复制一份，再进行颜色的调整。

4 取消选取，将背景素材复制一层，放在背景素材的上方。打开【可选颜色】对话框，设置参数，如图 10-54 所示。

图 10-54 设置【可选颜色】参数

提 示

打开【通道混和器】对话框，设置【输出红通道】中的【红色】参数为 110%。

5 执行【图像】|【调整】|【阴影/高光】命令，在打开的对话框中，设置【阴影】的【数量】为 0%，【高光】的【数量】为 0%，如图 10-55 所示。

图 10-55 设置【阴影/高光】参数

6 打开【亮度/对比度】参数，设置【对比度】参数为 50，增加画面的对比度，如图 10-56 所示。

7 使用【钢笔工具】抠出人物手中的花朵轮廓，转换为选区。打开【色彩平衡】对话框，设置参数，如图 10-57 所示。

图 10-56 设置【亮度/对比度】参数

图 10-57 设置【色彩平衡】参数

提 示

启用【阴影】单选按钮,设置参数为 0,–100,84,再启用【中间调】单选按钮,设置参数为 100,–100,100。

8 使用【钢笔工具】抠出人物头部的花朵,打开【色相/饱和度】对话框,设置【色相】为–40,【饱和度】为 93,【明度】为–1,如图 10-58 所示。

图 10-58 调整【色相/饱和度】参数

提 示

使用相同的方法抠出人物右下方的花朵,复制一层后,更改其颜色,使其与衣服的颜色搭配。

9 在工具箱中,选择【自由套索工具】在画布中绘制选区。执行【滤镜】|【模糊】|【高斯模糊】命令,设置【半径】为 3 像素,如图 10-59 所示。

图 10-59 设置【高斯模糊】参数

10 使用相同的方法,在图像的右侧空白区域绘制选区,打开【高斯模糊】对话框,设置参数,如图 10-60 所示。

图 10-60 设置【高斯模糊】参数

11 新建图层,填充为"黑色",设置图层总体【不透明度】为 5,使用【橡皮擦工具】进行涂抹,修饰人物与模糊的背景的衔接处。最后,保存文件,完成为美女衣服换色效果的制作,如图 10-61 所示。

使用

图 10-61　修饰画面的细节

10.5　课堂练习：唯美的桃花

　　本实例使用颜色调整命令，制作出唯美的桃花盛开效果，如图 10-62 所示。在制作的过程中，通过利用【色彩平衡】命令，调整花瓣的颜色，使其更加鲜艳。再利用【可选颜色】和【渐变映射】等命令，调整素材的整体色调，盖印图层。最后，调整图片的整体饱和度，完成唯美桃花的制作。

图 10-62　唯美的桃花效果

操作步骤：

1　新建 1024 像素×768 像素的空白文档，按
　　快捷键 Ctrl+O 打开背景素材，将背景素材
　　拖入文档中，如图 10-63 所示。

2　按快捷键 Ctrl+J 复制素材，设置副本图层的
　　【混合模式】为【正片叠底】，图层总体【不
　　透明度】为 30%，如图 10-64 所示。

3　选择副本图层，执行【图像】|【调整】|【渐
　　变映射】命令，打开【渐变映射】对话框，
　　设置渐变颜色，如图 10-65 所示。

导入

图 10-63　导入背景素材

Photoshop CC 图像处理标准教程

图 10-64　复制图层

图 10-65　设置【渐变映射】参数

提　示

复制副本图层，并设置复制后的图层的【混合模式】为【强光】，图层总体【不透明度】为10%。

4　新建图层，按快捷键 Ctrl+Alt+ Shift+E 盖印图层。执行【图像】|【调整】|【色彩平衡】命令，打开【色彩平衡】对话框，设置参数，如图 10-66 所示。

图 10-66　设置【色彩平衡】参数

提　示

复制调整色彩平衡后的图层，设置图层总体【不透明度】为30%。

5　新建图层，并盖印图层。执行【图像】|【调整】|【曲线】命令，打开【曲线】对话框，调整【蓝】通道的曲线，如图 10-67 所示。

图 10-67　调整曲线

6　新建并盖印图层，打开【渐变映射】对话框，设置渐变颜色。在【图层】面板中，设置该图层的【混合模式】为【强光】，图层总体【不透明度】为 10%，如图 10-68 所示。

图 10-68　设置【渐变映射】参数

7　新建一个图层，设置前景色为#381855，使用【油漆桶工具】进行填充。在【图层】面板中，设置【混合模式】为【变亮】，图层总体【不透明度】为 70%，如图 10-69 所示。

图 10-69　填充图层

⑧　新建并盖印图层，设置【混合模式】为【柔光】，图层总体【不透明度】为 40%，如图 10-70 所示。

图 10-70　设置混合模式

⑨　新建图层，设置前景色为 #471F68，使用【画笔工具】在画布上绘制高光区域。设置图层【混合模式】为【滤色】，图层总体【不透明度】为 15%，如图 10-71 所示。

图 10-71　绘制高光

226

提　示

在使用【画笔工具】时，设置画笔的硬度为 0%，选择柔边缘画笔进行绘制，使高光与画面进一步融合。

⑩　新建并盖印图层，设置【混合模式】为【柔光】，图层总体【不透明度】为 30%，再盖印图层，如图 10-72 所示。

图 10-72　盖印图层

⑪　执行【图像】|【调整】|【可选颜色】命令，打开【可选颜色】对话框，设置参数，如图 10-73 所示。

图 10-73　设置【可选颜色】参数

⑫　新建并盖印图层，按快捷键 Ctrl+Shift+U 去色。执行【滤镜】|【模糊】|【高斯模糊】命令，设置【半径】为 0.5 像素，如图 10-74 所示。

图 10-74　设置【高斯模糊】参数

提　示

在【图层】面板中,设置图层的【混合模式】为【柔光】,图层总体【不透明度】为 60%。

13　新建一个图层,盖印图层,打开【高斯模糊】对话框,设置【半径】为 15 像素。在【图层】面板中,设置【混合模式】为【柔光】,图层总体【不透明度】为 30%,如图 10-75 所示。

图 10-75　设置【高斯模糊】参数

14　新建并盖印图层,按快捷键 Ctrl+L 打开【色阶】对话框,设置【输出色阶】为 15,如图 10-76 所示。

图 10-76　调整【色阶】参数

15　盖印图层,打开【亮度/对比度】对话框,设置【亮度】为 40,【对比度】为-50。保存文件,完成唯美的桃花效果的制作,如图 10-77 所示。

图 10-77　调整【亮度/对比度】参数

10.6　思考与练习

一、填空题

1. 利用【　　　　　】命令可以为黑白图像上色。

2.【　　　　　】命令是【色相/饱和度】命令功能的一个分支,因为它只能调整某一种颜色。

3.【　　　　　】和【　　　　　】命令既可以调整复合通道,也可以调整双通道,还可以调整单色通道。

4.【　　　　　】对话框中的参数会根据图像颜色模式的不同而有所改变。

5.【可选颜色】命令是调整【＿＿＿＿＿】颜色的命令。

二、选择题

1. 在 RGB 颜色模式中，R+G（绿）产生 Y（黄），那么 R＝255，G＝128，B＝0 代表＿＿＿＿＿颜色。

 A. 紫色

 B. 橙色

 C. 青色

 D. 粉色

2. 按快捷键＿＿＿＿＿能够打开【色相/饱和度】对话框。

 A. Ctrl+L

 B. Ctrl+M

 C. Ctrl+U

 D. Ctrl+B

3. 按快捷键＿＿＿＿＿能够打开【色阶】对话框。

 A. Ctrl+L

 B. Ctrl+M

 C. Ctrl+U

 D. Ctrl+B

4.【色彩平衡】对话框中包括【色彩平衡】和【＿＿＿＿＿】两个选项组。

 A. 色调平衡

 B. 去色

 C. 亮度

 D. 对比度

5. 按快捷键 Ctrl+M 可以打开【＿＿＿＿＿】对话框。

 A. 色相/饱和度

 B. 替换颜色

 C. 曲线

 D. 色彩平衡

三、问答题

1. 简述【替换颜色】与【色相/饱和度】命令之间的区别。

2. 简述【色阶】与【曲线】命令之间的相同之处。

3. 根据不同的图像打开【通道混和器】对话框，为什么其中的选项会有所不同？

4.【色彩平衡】对话框中的【保持明度】选项的作用是什么？

5. 对于 RGB 与 CMYK 颜色模式的图像，【可选颜色】命令更适用于什么颜色模式？

四、上机练习

1. 改变图像色调

要改变图像的整体色调，只要执行【图像】|【调整】|【色相/饱和度】命令，在弹出的【色相/饱和度】对话框中，设置【色相】选项参数值，即可改变图像的整体色调效果，如图 10-78 所示。

图 10-78 改变整体色调

2. 改变局部颜色

【可选颜色】命令是专门针对图像中的单个颜色进行设置的颜色命令，而某种颜色又不一定只包含一种颜色信息，所以在使用【可选颜色】

命令进行局部颜色改变时，要根据所需要更改的
颜色信息来进行设置。如图 10-79 所示中的绿色

汽车，就需要通过【可选颜色】对话框中的"绿
色"与"黄色"信息才能够将其改变。

图 10-79　改变局部颜色

第 11 章
选区高级应用

　　图像局部选择包含多种途径，除了前面介绍的选取工具、选取命令以及路径工具外，还能够通过通道进行选择。通道是存储不同类型信息的灰度图像，是图像的另外一种显示方式，主要用来保存图像的颜色信息和选区。而蒙版是用来保护被遮蔽的区域，具有高级选择功能，同时也能够对图像的局部进行颜色的调整，而使图像的其他部分不受影响。

　　在本章中，主要了解通道的类型与使用方法，以及如何通过蒙版形成无损坏的提取局部图像与改变图像色彩等操作。

本章学习要点：

➢ 通道基本操作
➢ 通道类型
➢ 通道应用
➢ 蒙版类型
➢ 蒙版高级运用

11.1 认识通道

通道是基于色彩模式基础上衍生出的简化操作工具。其应用非常广泛，可以用通道来建立选区，进行选区的各种操作，也可以把通道看作由原色组成的图像，因此可以进行单种原色通道的变形、执行滤镜、色彩调整、复制粘贴等工作。

11.1.1 【通道】面板

当打开一幅图像后，系统会自动创建颜色信息通道。执行【窗口】|【通道】命令，即可在【通道】面板中查看该图像的复合通道和单色通道。在 Photoshop 中，不同的颜色模式图像其通道组合各不相同，并且在【通道】面板中显示的单色通道也会有所不同，如图 11-1 所示。

【通道】面板中的选项及功能如表 11-1 所示。

图 11-1　【通道】面板

表 11-1　【通道】面板中的选项及功能

选项	图标	功能
将通道作为选区载入	⊙	单击此按钮可以将当前通道中的内容转换为选区
将选区存储为通道	▣	单击此按钮可以将图像中的选区作为蒙版保存到一个新建 Alpha 通道中
创建新通道	▢	创建 Alpha 通道。拖动某通道至该按钮可以复制该通道
删除当前通道	🗑	删除所选通道

通道最主要的功能是保存图像的颜色数据。例如，一个 RGB 模式的图像，其每一个像素的颜色数据是由红色、绿色、蓝色这 3 个通道来记录的，而这 3 个单色通道组合定义后合成了一个 RGB 主通道，如图 11-2 所示。

如果在 CMYK 模式图像中，颜色数据则分别由青、洋红、黄、黑 4 个单色的通道组合成一个 CMYK 的主通道，如图 11-3 所示。

图 11-2　RGB 模式图像的【通道】面板

图 11-3　CMYK 模式图像的【通道】面板

默认情况下，【通道】面板中单色通道以亮度显示，要想以原色显示单色通道，可以在【首选项】命令中启用【通道以原色显示】选项。

图像与通道是相连的，也可以理解为通道是存储不同类型信息的灰度图像。实际上，每一个通道是一个单一色彩的平面。以屏幕图像为例，来介绍通道与图像之间的色彩关联。通道中的 RGB 分别代表红、绿、蓝三种颜色。它们通过不同比例的混合，构成了彩色图像。

图 11-4　　填充红色

在【通道】面板中，按住 Ctrl 键单击红色通道缩览图，载入该通道中的选区。在【图层】面板中新建"图层 1"，并且填充红色（#FF0000），得到红色通道图像效果，如图 11-4 所示。

使用上述方法，分别显示蓝通道和绿通道中的选区，并且在不同的图层中填充蓝色和绿色，如图 11-5 所示。

图 11-5　　填充绿色与蓝色

在三个颜色图层下方新建图层，并且填充黑色。然后分别设置彩色图层的【混合模式】为【滤色】，得到与原图像完全相同的效果，如图 11-6 所示。

11.1.2　颜色信息通道

颜色通道记录的是图像的颜色信息与选择信息，所以编辑颜色通道，既可以建立局部选区，也可以改变图像色彩。

图 11-6　　设置图层属性

1. 使用颜色通道提取图像

颜色通道是图像自带的单色通道，要想在不改变图像色彩的基础上，通过通道提取局部图像，需要通过对颜色通道的副本进行编辑。这样既可以得到图像选区，也不会改变图像颜色。

例如，打开一幅图像的【通道】面板，选择对比较为强烈的单色通道。将其拖动至【创建新通道】按钮　　，创建颜色通道副本，如图 11-7 所示。

图 11-7　　创建红通道副本

接着在"红副本"通道中，就可以随意使用颜色调整命令，加强该通道中的对比关系。通常情况下，最常使用【色阶】调整命令，如图 11-8 所示。

对于通道图像的细节调整，则可以通过【加深工具】和【减淡工具】进行涂抹，从而得到黑白双色图像，如图 11-9 所示。

单击【通道】面板底部的【将通道作为选区载入】按钮，载入该通道中的选区进行复制，就可以在没有改变图像色彩的情况下，提取边缘较为复杂的布局图像，如图 11-10 所示。

图 11-8　加强对比度

图 11-9　加深与减淡

图 11-10　提取局部图像

2. 同文档中的颜色通道复制与粘帖

在同一图像文档中，当其中一个单色信息通道复制到另外一个不同的单色信息通道中，返回 RGB 通道时就会发现图像颜色发生了变化。

例如，在【通道】面板中选中绿通道，并且进行全选复制。然后选中蓝通道进行粘贴后，返回 RGB 通道，发现图像色彩发生了改变，如图 11-11 所示。

以 RGB 颜色模式的图像为例，复制通道颜色至其他颜色通道中，能够得到 6 种不同的图像色调，如图 11-12 所示。

图 11-11　复制与粘帖颜色通道

红通道复制到绿通道　　　　　　蓝通道复制到红通道　　　　　　红通道复制到蓝通道

图 11-12　　其他颜色通道复制效果

3. 异文档中的颜色通道复制与粘贴

除了可以在同图像文档中复制颜色通道信息外，还可以在两个不同的图像文档之间复制颜色通道信息。前提是准备两幅完全不同、但尺寸相同的图像，如图 11-13 所示。

图 11-13　　两幅图像

选中其中一幅图像的某一个颜色通道，将其全选后复制。切换到另外一个文档，选择某个单色通道进行粘贴，得到一幅综合的效果，如图 11-14 所示。

如果将花卉图像中的单色通道复制到天空图像的单色通道中，那么会得到天空的清晰纹理，而花卉纹理模糊的效果，如图 11-15 所示。

4. 分离与合并通道

既然一幅 RGB 模式的图像中包含红、绿、蓝三个原色通道，那么就可以将其分别分离为单独的图像文档。方法是选择【通道】面板关联菜单中的【分离通道】命令，Photoshop 自动将 RGB 图像分离为 R、G、B 的灰色图像，如图 11-16 所示。

图 11-14　　天空通道复制到花卉文档中

图 11-15　　花卉通道复制到天空文档中

图 11-16　　分离颜色通道

分离通道后，还可以合并通道。方法是选中任何一个分离后的灰度图像，在【通道】面板中选择关联菜单中的【合并通道】命令，在弹出的【合并通道】对话框的【模式】下拉列表中选择【RGB 颜色】选项，单击【确定】按钮进入【合并 RGB 通道】对话框，如图 11-17 所示，直接单击【确定】按钮可以得到原图像。

图 11-17　合并通道

如果在【合并 RGB 通道】对话框中，分别选择【红色】、【绿色】与【蓝色】下拉列表中的灰度图像名称，会得到不同颜色的图像，如图 11-18 所示为依次在【红色】、【绿色】与【蓝色】下拉列表中选择原蓝色通道、原红色通道与原绿色通道得到的效果显示。

提　示

因为在新建通道中可以任意选择原色通道，所以合并 RGB 通道图像可以合并 6 幅不同颜色的图像。

在【合并通道】对话框的【模式】下拉列表中还可以选择【Lab 颜色】选项与【多通道】选项，选择【Lab 颜色】选项，可以在【指定通道】的【明度】、a 与 b 下拉列表中选择不同的原通道，如图 11-19 所示为其中的一种效果显示。

图 11-18　合并通道后得到的图像

若是选择【多通道】选项，那么可以分别在【指定通道 1】、【指定通道 2】与【指定通道 3】的图像下拉列表中选择不同原通道，如图 11-20 所示为其中的一种效果显示。

如果是 4 幅灰度图像合并通道，如图 11-21 所示，那么除了可以合并【RGB 颜色】通道、【Lab 颜色】通道与【多通道】外，还可以合并【CMYK 颜色】通道。

图 11-19　合并 Lab 通道

图 11-20　合并多通道

图 11-21　4 幅灰度图像

合并 CMYK 模式通道与其他模式通道相同，只要在【合并通道】对话框的【模式】下拉列表中选择【CMYK 颜色】选项，单击【确定】按钮后在【合并 CMYK 通道】对话框中，可以任意选择【青色】、【洋红】、【黄色】与【黑色】通道中的灰度图像名称。如图 11-22 所示为其中一种效果显示。

图 11-22 　合并 CMYK 模式通道

11.1.3　基本通道操作

在【通道】面板中，颜色通道除了可以复制颜色信息、分离与合并通道外，还可以通过显示与隐藏通道、复制与删除通道来改变图像色调。

1. 显示与隐藏通道

在默认情况下，【通道】面板中的【眼睛】图标呈显示状态。单击某个单色通道的【眼睛】图标后，隐藏图像中的红色像素，只显示图像中的绿色与蓝色像素，如图 11-23 所示。

图 11-23 　隐藏红色通道的图像前后对比

在【通道】面板中，还可以分别隐藏绿色通道与蓝色通道，隐藏前者图像显示红色和蓝色的像素，隐藏后者图像显示红色与绿色的像素，如图 11-24 所示。

2. 复制与删除通道

通常情况下，不要在原通道中编辑单色通道，以免编辑后不能还原，这时就需要将该通道复制一份再编辑。复制通道的方法有两种，一种是直接选中并且拖动要复制的通道至【创建新通道】按钮 ，得到其通道副本，如图 11-25 所示为复制"红"通道得到的"红副本"通道。

图 11-24 　分别隐藏绿色通道与蓝色通道

还有一种方法是选中要复制的通道后，选择关联菜单中的【复制通道】命令，打开对话框，直接单击【确定】按钮得到与第一种方法完全相同的副本通道；如果启用对话框中的【反相】选项，那么会得到与之明暗关系相反的副本通道，如图 11-26 所示。

图 11-25 　通过【创建新通道】

按钮复制通道

如果在【复制通道】对话框的【文档】下拉列表中选择【新建】选项，那么会将通道复制到一个新建文档中，如图 11-27 所示。

图 11-26　复制反相副本通道

图 11-27　复制通道至新建文档中

将没有用的通道删除是为了节省硬盘存储空间，提高程序运行速度。方法是将要删除的通道拖至【删除当前通道】按钮 🗑 上，或者选择关联菜单中的【删除通道】命令。

在【通道】面板中还可以删除单色通道，这样会得到意想不到的颜色效果。如图 11-28 所示为分别删除红、绿、蓝单色通道得到的效果显示。

删除红通道效果

删除绿通道效果

删除蓝通道效果

图 11-28　分别删除红、绿、蓝单色通道

注　意

如果是在含有两个或者两个以上图层的文档中删除原色通道，Photoshop 会提示将其图层合并，否则将无法删除。

11.2　其他通道类型

在 Photoshop 中，图像默认的是由颜色信息通道组成的。但是图像中除了颜色信息通道外，还可以为图像中的通道添加 Alpha 通道与专色通道。

11.2.1　Alpha 通道

在选区操作过程中，选区就是存储在 Alpha 通道中。该通道主要用来记录选择信息，

并且通过对 Alpha 通道的编辑，能够得到
各种效果的选区。

1. 新建 Alpha 通道

当画布中存在选区时，通过【存储选
区】命令，即可创建具有灰度图像的 Alpha
通道；而单击【通道】面板底部的【将选
区存储为通道】按钮 ，能够创建同样的
Alpha 通道，如图 11-29 所示。

Alpha 通道的另外一种创建方法是，直
接单击【通道】面板底部的【创建新通道】按钮
，创建一个背景为黑色的空白通道，并且处
于工作状态，如图 11-30 所示。

2. 编辑 Alpha 通道

图 11-30　创建空白 Alpha 通道

Alpha 通道相当于灰度图像，能够使用
Photoshop 中的工具或者命令来编辑，从而得到
复杂的选区。

例如，在具有黑白双色的 Alpha 通道中，
执行【滤镜】|【素描】|【半调图案】命令，使
Alpha 通道呈现复杂的图像，如图 11-31 所示。

这时，单击【通道】面板底部的【将通道
作为选区载入】按钮 ，载入该通道中的选
区。返回复合通道后，按快捷键 Ctrl+J 复制选
区中的图像，得到复杂纹理的图像效果，如图
11-32 所示。

11.2.2　专色通道

专色通道主要用于替代或补充印刷色（CMYK）
油墨，在印刷时每种专色都要求专用的印版，一般在
印刷金、银色时需要创建专色通道。

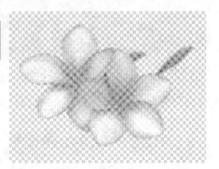

1. 创建与编辑专色通道

在 Photoshop 中，创建与存储专色的载体为专色通道。按住 Ctrl 键，单击【通道】面板底部的【创建新通道】按钮 ◻ 。在弹出的【新建转色通道】对话框中，单击【颜色】色块，选择专色，得到专色通道，如图 11-33 所示。

图 11-33　创建专色通道

因为专色颜色不是用 CMYK 油墨打印，所以在选择专色通道所用的颜色时，可以完全忽略色域警告图标 ⚠。

创建的专色通道为空白通道，需要在其中建立图像才能够显示在图像中。在专色通道中，既可以使用绘图工具绘制图像，也可以将外部图像的单色通道图像复制到专色通道中，使其呈现在图像中。

例如，将另外一幅图像中的蓝色通道选中并复制，返回新建的专色通道进行粘贴。发现静物以专色的形式在图像中显示，如图 11-34 所示。这时，可以通过各种工具对专色通道中的图像进行编辑。

图 11-34　复制到专色通道中

专色通道的属性设置与 Alpha 通道相似。同样是双击通道，在弹出的【新建专色通道】对话框中，设置专色通道的【颜色】与【密度】选项，从而得到不同的效果，如图 11-35 所示。

图 11-35　设置专色通道属性

第 11 章　选区高级应用

239

2．专色通道合并

大多数家用台式打印机是不能打印包含专色的图像的，这是因为专色通道中的信息
与 CMYK 或者灰度通道中的信息是分离的。要想使用台式打印机正确地打印出图像，需要将专色融入图像中。

Photoshop 虽然支持专色通道，但是添加到专色通道的信息不会出现在任何图层上，甚至也不会显示在"背景"图层上。这时单击【通道】面板右边的下三角按钮，选择【合并专色通道】命令，使专色图像融入图像中，如图 11-36 所示。

图 11-36　合并专色通道

11.3　通道应用

通过【通道】面板中的各种类型通道，不仅能够提取局部图像，还能够进行色调改变。而通道的应用还体现在命令中——【应用图像】与【计算】命令，这两个命令是专门针对通道，并且配合混合模式等选项来进行图像色调调整以及选区建立。

11.3.1　【应用图像】命令

图层中的混合模式只是针对图层之间的图像进行混合，而【应用图像】命令不仅可以进行图层之间的混合，还可以将一个图像（源）的通道和图层图像混合，从而得到意想不到的混合色彩。

例如，选择目标图像，执行【图像】|【应用图像】命令，选择【源】图像中的不同图层进行混合，得到两幅图像混合的彩色效果，如图 11-37 所示。

图 11-37　不同【源】图像应用

【应用图像】命令不但可以混合两张图片，而且还可以对单张图片的复合通道和单个通道进行混合，实现特殊的效果，如图 11-38 所示。

同图像红通道与复合通道混合　　　同图像绿通道与复合通道混合　　　同图像蓝通道与复合通道混合

图 11-38　　同图像不同单色通道与复合通道混合

当然也可以将一幅图像的复合通道，与另外一幅图像的单色通道进行混合，从而得到不同程度的混合效果的图像，如图 11-39 所示。

异图像红通道与复合通道混合　　　异图像绿通道与复合通道混合　　　异图像蓝通道与复合通道混合

图 11-39　　不同图像不同单色通道与复合通道混合

11.3.2　【计算】命令

对于边缘较为复杂的图像提取，首先想到的是通过副本颜色通道的亮度调整，从而得到强对比的灰度图像。这种方式的图像提取是通过手动方式进行操作的，具有随意性。

而【计算】命令是通过混合模式功能，混合两个来自一个或者多个源图像中的单色通道，然后将结果应用到新图像、新通道或者现有的图像选区中。

例如，打开一个图像文档，执行【图像】|【计算】命令。在对话框中选择不同的单色通道，并且设置【混合模式】选项，得到新通道，如图 11-40 所示。

将通道载入选区后，按快捷键 Ctrl+J 复制选区中的图像。隐藏"背景"图层，会发现图片的局部已经抠取出来，并且呈现半透明效果，如图 11-41 所示。

图 11-40　　创建新通道

图 11-41　　提取图像

241

11.4 蒙版类型

Photoshop 蒙版是将不同灰度色值转化为不同的透明度，并作用到它所在的图层，使图层不同部位透明度产生相应的变化。

其中，蒙版中的纯白色区域可以遮罩下面图层中的内容，显示当前图层中的图像；蒙版中的纯黑色区域可以遮罩当前图层中的图像，显示下面图层中的内容；蒙版中的灰色区域会根据其灰度值呈现出不同层次的透明效果。因此，用白色在蒙版中绘画的区域是可见的，用黑色绘画的区域将被隐藏，用灰色绘画的区域会呈现半透明效果，如图 11-42 所示。在 Photoshop 中蒙版包括快速蒙版、剪贴蒙版、图层蒙版与形状蒙版等。

图 11-42　蒙版原理

11.4.1　快速蒙版

快速蒙版模式是使用各种绘图工具来建立临时蒙版的一种高效率方法。使用快速蒙版模式建立的蒙版，能够快速地转换成选择区域。

1. 创建快速蒙版

单击工具箱下方的【以快速蒙版模式编辑】按钮，进行快速蒙版编辑模式。使用【自定形状工具】在画布中单击并拖动，绘制半透明红色图像，如图 11-43 所示。

图 11-43　建立快速蒙版

单击工具箱下方的【以标准模式编辑】按钮，返回正常模式，半透明红色图像转换为选区。进行任意颜色填充后，发现原半透明红色图像区域被保护，如图 11-44 所示。

图 11-44　返回正常模式并填充

2. 设置快速蒙版

默认情况下，在快速蒙版模式中绘制的任何图像，均呈现红色半透明状态，并且代

Photoshop CC 图像处理标准教程

表被蒙版区域。

当快速蒙版模式中的图像与背景图像有所冲突时，可以通过更改【快速蒙版选项】对话框中的颜色值与不透明度值来改变快速蒙版模式中的图像显示效果。

方法是双击工具箱底部的【以快速蒙版模式编辑】按钮▣或者【以标准模式编辑】按钮▣，打开【快速蒙版选项】对话框。设置其中的选项，图 11-45 是设置【不透明度】选项得到的效果。

图 11-45　设置【快速蒙版选项】

技 巧

由于快速蒙版模式中的图像与标准模式中的选区为相反区域，要想使之相同，需要启用【快速蒙版选项】对话框中的【所选区域】选项。这样才能够在标准模式中，编辑选区中的图像。

3．编辑快速蒙版

虽然快速蒙版与选取工具均为临时选择工具，但是前者能够在相应编辑模式中重复编辑。例如，使用【自定形状工具】🔲添加其他形状图形，如图 11-46 所示。

快速蒙版的优势还包括能够在选区中应用滤镜命令，使选区边缘更加复杂。例如，在快速蒙版编辑模式中，进行【滤镜】|【模糊】|【径向模糊】命令，得到缩放选区，从而复制模糊效果的图像，如图 11-47 所示。

图 11-46　添加其他形状图形

图 11-47　为快速蒙版图像添加滤镜效果

11.4.2　剪贴蒙版

剪贴蒙版主要是使用下方图层中图像的形状，来控制其上方图层图像的显示区域。剪贴蒙版中下方图层需要的是边缘轮廓，而不是图像内容。

1．创建剪贴蒙版

当【图层】面板中存在两个或者两个以上图层时，即可创建剪贴蒙版。一种方法是选中上方图层，执行【图层】|【创建剪贴蒙版】命令（快捷键 Ctrl+Alt+G），该图层会与其下方图层创建剪贴蒙版；另外一种方法是按住 Alt 键，在选中图层与相邻图层之间单击，创建剪贴蒙版，如图 11-48 所示。

图 11-48　创建剪贴蒙版

剪贴蒙版创建后，发现下方图层名称带有下划线；而上方图层的缩览图是缩进的。并且显示一个剪贴蒙版图标，而画布中图像的显示也会随之变化，如图 11-49 所示。

2. 编辑剪贴蒙版

创建剪贴蒙版后，还可以对其中的图层进行编辑，如移动图层、设置图层属性以及添加图像图层等操作，从而更改图像效果。

❏ **移动图层**

在剪贴蒙版中，两个图层中的图像均可以随意移动。例如，移动下方图层中的图像，会在不同位置，显示上方图层中的不同区域的图像；如果移动的是上方图层中的图像，那么会在同一位置，显示该图层中不同区域图像，并且可能会显示出下方图层中的图像，如图 11-50 所示。

❏ **设置图层属性**

在剪贴蒙版中，可以设置图层【不透明度】选项，或者设置图层【混合模式】选项来改变图像效果。通过设置不同的图层来显示不同的图像效果。

当设置剪贴蒙版中下方图层的【不透明度】选项，可以控制整个剪贴蒙版组的不透明度；而调整上方图层的【不透明度】选项，只是控制其自身的不透明度，不会对整个剪贴蒙版产生影响，如图 11-51 所示。

设置上方图层的【混合模式】选项，可以使该图层图像与下方图层图像融合为一体；如果设置下方图层的【混合

图 11-49　剪贴蒙版效果

图 11-50　移动不同图像效果

图 11-51　设置【不透明度】选项

模式】选项，必须在剪贴蒙版下方放置图像图层，这样才能够显示混合模式效果；同时设置剪贴蒙版中两个图层的【混合模式】选项时，会得到两个叠加效果，如图 11-52 所示。

设置上方图层为叠加模式

设置下方图层为叠加模式

设置两个图层均为叠加模式

图 11-52　设置【混合模式】选项

当剪贴蒙版中的两个图层均设置【混合模式】选项，并且隐藏剪贴蒙版组下方图层后，效果与单独设置上方图层效果相同。

❏ 添加图像图层

剪贴蒙版的优势就是形状图层可以应用于多个图像图层，从而分别显示相同范围中的不同图像。创建剪贴蒙版后，将其他图层拖至剪贴蒙版中即可，如图 11-53 所示。这时，可以通过隐藏其他图像图层显示不同的图像效果。

图 11-53 添加图像至剪贴蒙版中

11.4.3 图层蒙版

图层蒙版之所以可以精确、细腻地控制图像显示与隐藏的区域，因为图层蒙版是由图像的灰度来决定图层的不透明度的。

1. 创建图层蒙版

创建图层蒙版包括多种途径。其中最简单的方法为直接单击【图层】面板底部的【添加图层蒙版】按钮 ▣ ，或者单击【蒙版】面板右上角的【添加像素蒙版】按钮 ▣ ，即可为当前普通图层添加图层蒙版，如图 11-54 所示。

图 11-54 添加图层蒙版

如果画布中存在选区，直接单击【添加图层蒙版】按钮 ▣ 。在图层蒙版中，选区内部呈白色，选区外部呈黑色。这时黑色区域被隐藏，如图 11-55 所示。

2. 调整图层蒙版

无论是单独创建图层蒙版，还是通过选区创建，均能够重复调整图层蒙版中的灰色图像，从而改变图像显示效果。

❏ 移动图层蒙版

图层蒙版中的灰色图像，与图层中的图像为链接关系。也就是说，无论是移动前者还是

图 11-55 为选区建立图层蒙版

移动后者，均会出现相同的效果；如果单击【指示图层蒙版链接到图层】图标 ，使图层蒙版与图层分离。这时无论是移动图层中的图像，还是移动蒙版中的灰色图像，均会使显示范围与图像错位，如图 11-56 所示。

❏ **停用与启用图层蒙版**

通过图层蒙版编辑图像，只是隐藏图像的局部，并不是删除。所以，随时可以还原图像原来的效果。例如，右击图层蒙版缩览图，选择【停用图层蒙版】命令，即可显示原图像效果，如图 11-57 所示。

图 11-56　移动蒙版图像

图 11-57　停用图层蒙版

❏ **复制图层蒙版**

当图像文档中存在两幅或者两幅以上图像时，还可以将图层蒙版复制到其他图层中，以相同的蒙版显示或者隐藏当前图层内容。方法是按住 Alt 键，单击并且拖动图层蒙版至其他图层。释放鼠标后，在当前图层中添加相同的图层蒙版，如图 11-58 所示。

图 11-58　复制图层蒙版

> **技　巧**
>
> 如果需要对当前图层执行源蒙版的反相效果，则可以选择蒙版缩览图，按住组合键 Shift+Alt 拖动鼠标到需要添加蒙版的图层，这时当前图层添加的是颜色相反的蒙版。

在图层蒙版中再次编辑灰色图像时，在画布中只能查看灰色图像应用于彩色图像后的最终效果。要想查看图层蒙版中的灰色图像效果，需要按住 Alt 键单击图层蒙版缩览图，进入图层蒙版编辑模式，画布显示图层蒙版中的图像，如图 11-59 所示。

通过显示图层蒙版编辑模式，还可以将外部图像复制到其中，呈现更为细致的图像显示效果。例如，全选外部图像并且复制后，按住 Alt 键单击空白图层蒙版，进入图层蒙版编辑模式。然后进行粘贴，使灰色图像显示在图层蒙版中。再次返回正常模式后，显示细微的隐藏效果，如图 11-60 所示。

图 11-59　编辑图层蒙版图像

❏ **浓度与羽化**

为了柔化图像边缘，会在图层蒙版中进行模糊，从而改变灰色图像。为了减少重复操作，可以使用【蒙版】面板中的【羽化】或者【浓度】选项。

当图层蒙版中存在灰色图像时，在【蒙版】面板中向左拖动【浓度】滑块。蒙版中黑色图像逐渐转换为白色，而彩色图像被隐藏的区域逐渐显示，如图 11-61 所示。

图 11-60　通道与图层蒙版

【浓度】为 70%　　　　　　【浓度】为 50%　　　　　　【浓度】为 30%

图 11-61　不同【浓度】参数值

在【蒙版】面板中，向右拖动【羽化】滑块。灰色图像边缘被羽化，而彩色图像由外部向内部逐渐透明，如图 11-62 所示。

【羽化】为 40%　　　　　　【羽化】为 100%　　　　　　【羽化】为 250%

图 11-62　不同【羽化】参数值

3. 图层蒙版与滤镜

图层蒙版与滤镜具有相辅相成的关系。在图层蒙版中能够应用滤镜效果；而在智能滤镜中则可以编辑滤镜效果蒙版来改变滤镜效果。

□　在蒙版中应用滤镜

图层蒙版中的灰色图像同样可以应用滤镜效果，只是得到的最终效果呈现在图像显示效果中，而不是直接应用在图像中。

在具有灰色图像的图层蒙版中，执行【滤镜】|【风格化】|【风】命令。灰色图像发生变化的同时，彩色图像的显示效果也同时改变，如图 11-63 所示。

图 11-63　为图层蒙版添加滤镜效果

❑ **智能滤镜中的图层蒙版**

滤镜效果的范围显示可以通过滤镜蒙版来改变，而滤镜蒙版必须在智能滤镜的基础上添加。首先执行【滤镜】|【转换为智能滤镜】命令，将其转换为智能对象。然后执行【风】滤镜命令，如图 11-64 所示。

这时在智能对象下方图层蒙版中编辑，如填充黑白渐变，能够控制滤镜效果的显示范围，如图 11-65 所示。

图 11-64   转换为智能滤镜

图 11-65   添加图层蒙版

11.4.4   矢量蒙版

矢量蒙版是与分辨率无关的蒙版，是通过钢笔工具或者形状工具创建路径，然后以矢量形状控制图像可见的区域。

1．创建矢量蒙版

矢量蒙版包括多种创建方法，不同的创建方法会得到相同或者不同的图像效果。

❑ **创建空白矢量蒙版**

选中普通图层，单击【蒙版】面板右上方的【添加矢量蒙版】按钮，在当前图层中添加显示全部的矢量蒙版；如果按住 Alt 键单击该按钮，即可添加隐藏全部的矢量蒙版，如图 11-66 所示。

然后选择某个路径工具，在工具选项栏中启用【路径】功能。在画布中建立路径，图像即可显示路径区域，如图 11-67 所示。

图 11-66   添加矢量蒙版

❑ **以现有路径创建矢量蒙版**

选择路径工具，在画布中建立任意形状的路径。然后单击【蒙版】面板中的【添加矢量蒙版】按钮，即可创建带有路径的矢量蒙版，如图 11-68 所示。

图 11-67　添加矢量路径

图 11-68　为路径添加矢量蒙版

❏ 创建形状图层

路径中的形状图层就是结合矢量蒙版创建矢量图像的。例如，选择某个路径工具后，启用工具选项栏中的【形状图层】功能，直接在画布中单击并且拖动鼠标，在【图层】面板中自动新建具有矢量蒙版的形状图层，如图 11-69 所示。

2. 编辑矢量蒙版

创建矢量蒙版后，还可以在其中编辑路径，从而改变图像显示效果。矢量蒙版编辑既可以改变路径形状，也可以设置显示效果。

图 11-69　创建形状图层

❏ 编辑蒙版路径

在默认情况下，无论创建的空白矢量蒙版是显示全部状态，还是隐藏全部状态。当创建形状路径后，均是以形状内部为显示，形状外部为隐藏。

这时要想显示路径以外的区域，可以使用【路径选择工具】选中该路径后，在工具选项栏中单击【从形状区域减去】按钮即可，如图 11-70 所示。

在现有的矢量蒙版中要想扩大显示区域，最基本的方法就是使用【直接选择工具】，选中其中的某个节点删除即可，如图 11-71 所示。

还有一种方法是在现有路径的基础上，添加其他形状路径来扩充显示区域。方法是选择任意一个路径工具，启用工具选项栏中的【添加到路径区域】功能，在画布空白区域建立路径，如图 11-72 所示。

❏ 改变显示效果

在 Photoshop CC 中，要想对矢量蒙版添加羽化效果，不需要再借助图层蒙版，而是直接调整【蒙版】面板中的【羽化】选项即可。

图 11-70　显示路径外图像

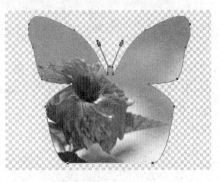

图 11-71　删除路径节点

选中矢量蒙版，在【蒙版】面板中向右拖动【羽化】滑块，得到具有羽化效果的显示效果；如果向左拖动【浓度】滑块，路径外部区域的图像就会逐渐显示，如图 11-73 所示。

图 11-72　添加矢量路径　　　　　图 11-73　【浓度】与【羽化】选项

11.5　调整图层

无论是在画布中填充颜色，还是改变图像的颜色，均会破坏原始图像的效果以及图像信息。Photoshop 中的调整图层是将颜色调整命令，或者填充命令与图层蒙版结合，形成控制下方图层效果的修改图层。

11.5.1　创建调整图层

在 Photoshop 中的修改图层功能中，包括了填充图层和调整图层两个功能类型，它们提供了处理图像的多个途径。

1．填充图层

填充图层功能是在图像中填充单色、渐变颜色或者图案来改变图像的效果。方法是在【图层】面板底部单击【创建新的填充或调整图层】按钮 ，在弹出的菜单中选择【纯色】命令，在创建填充调整图层的同时，选择需要设置的颜色后，设置调整图层属性后图像效果将会发生变化。

在选择【纯色】命令后，在创建"颜色填充 1"图层的同时打开【拾色器（纯色）】对话框，选取一种颜色后设置该图层的【混合模式】选项，使之与"背景"图层中的图像融为一体，如图 11-74 所示。

图 11-74　创建填充图层

选择渐变颜色填充与图案填充，在创建"渐变填充 1"图层与"图案填充 1"图层的同时，打开相应的对话框，与普通的填充渐变操作相同，同样可以填充完成后设置【混合模式】选项，与"背景"图层中的图像相融，如图 11-75 所示。

2. 调整图层

调整图层功能是将颜色调整命令中的参数以修改图层方式保留在【图层】面板中，形成调整图层来改变图像效果，如图 11-76 所示。

图 11-75　图案填充效果　　　　　图 11-76　添加调整图层

> **注　意**
>
> 无论是填充图层还是调整图层，图像的最终效果发生变化，但是"背景"图层中的原图像并没有任何改变。如果将填充图层或调整图层隐藏，那么图像就会返回到原始效果。

11.5.2　查看调整图层效果

调整图层是一种特殊的图层，它本身并不包括任何真实的像素，而是记录图像调整命令的参数，它只作用于调整图层下的所有应用图层。【调整】面板中提供了重复操作与查看源图像的快捷方法，这样使得修改调整图层参数可依据图像变化来调整。

1. 创建调整图层

调整图层中的所有子命令均可以在【图像】|【调整】菜单中找到。在默认情况下，使用【新建调整图层】中的命令与使用【图像】|【调整】菜单中的命令，得到的效果是相同的。只是调整图层可以随时更改命令中的参数，以改变最终效果。

在【调整】面板中单击【创建新的色彩平衡调整图层】图标，在创建调整图层的同时，相应的命令对话框打开，设置参数完成后图像效果发生变化，如图 11-77 所示。

图 11-77　创建调整图层

2. 查看源图像

在设置【调整】面板中的参数时，图像效果同时发生相应的变化。要想查看源图像效果，在【调整】面板中包括两种方法。一种是单击【切换图层可见性】按钮 👁，隐藏调整图层，如图 11-78 所示。

图 11-78　隐藏调整图层

另外一种方法是通过查看上一状态查看源文件。当第一次设置参数后，按住【查看上一状态】按钮 👁，图像显示源图像效果，释放鼠标，返回设置效果。当再次设置颜色参数后，按住【查看上一状态】按钮 👁，图像显示上一次设置的效果，如图 11-79 所示。

图 11-79　查看上一状态

3. 复位图层

要想重新设置颜色参数，可以单击面板中的【复位】按钮 ↻，这时将还原图像效果，保留调整图层，如图 11-80 所示。

图 11-80　复位参数

提　示

如果面板中进行了两次或者两次以上的设置，那么【复位】按钮具有两个功能。第一次单击按钮，参数返回上一次设置状态。

4. 转换调整图层内容

调整图层用于记录颜色调整命令中的参数，所以可以随时更改设置好的参数来改变调整效果。

在彩色图像文档中，在图层面板底部单击【创建新的填充或调整图层】按钮 ◑，为其创建"色相/饱和度 1"调整图层，调整相应的色相参数，图像颜色信息发生相应的变化，如图 11-81 所示。

图 11-81　添加并设置调整图层

提　示

在弹出的调整命令菜单中，除【反相】命令外，选择其余的调整命令调整图像，均可打开相应的对话框并设置更改其参数。

调整后的图像效果并不是一成不变的，执行【图层】|【图层内容选项】命令，或者直接双击调整图层的图层缩览图，再次打开【色相/饱和度】对话框，重新设置不同的色相，图像的颜色信息将发生变化，如图 11-82 所示。

图 11-82　改变调整参数

11.5.3　限制调整图层影响的范围

创建的调整图层本身带有一个图层蒙版，在默认情况下，创建的是显示全部的图层蒙版，是对整个画布进行调整。如果想对局部进行调整，则可以通过不同的方式来实现，如选区、路径、剪贴蒙版与图层组等。

1. 通过选区限制范围

当图像中存在选区时，创建调整图层，选区的范围会自动转换到调整图层的图层蒙版中，选区的颜色将被填充为白色区域，如图 11-83 所示。

图 11-83　建立选区

在调整面板中设置调整的参数，图像调整的效果将被运用在图层蒙版的白色区域内，如图 11-84 所示。

如果在【蒙版】面板中单击【停用/启用蒙版】按钮　，选择【停用图层蒙版】命令，那么调整图层中设置的参数会应用到整个图像，如图 11-85 所示。

图 11-84　通过选区限制范围

图 11-85　隐藏蒙版

当图像文档中包括多个图层时，调整图层是针对其下方的所有图层，所以同样可以通过选区来调整多个图层中的图像，如图 11-86 所示。

2．通过路径限制范围

在默认情况下创建的调整图层中，自带的是图层蒙版，如果画布中已经建立了闭合式路径，那么在创建调整图层中的蒙版则变成矢量蒙版，如图 11-87 所示。

图 11-86　同范围限制不同图像

图 11-87　通过路径限制范围

提 示

创建带有矢量蒙版的调整图层后，【路径】面板中会新建一个临时路径。使用【直接选择工具】可以对矢量蒙版中的路径进行修改，调整图层的范围也会随之改变。

3．通过剪贴蒙版限制范围

如果一个图层包括透明像素与不透明像素，那么可以通过剪贴蒙版对该图层中的不透明像素进行单独调整。

图 11-88　添加调整图层

首先在包含透明像素与不透明像素的图像中创建修改图层，并设置调整的参数。图像中所有的图层都发生了相应的变化，如图 11-88 所示。

选择调整图层，结合 Alt 键在与其下方图层之间单击，形成剪贴蒙版，这时调整图层设置的参数只作用于"图层 1"，如图 11-89 所示。

11.5.4　控制调整图层的调整强度

当通过调整图层改变原图像效果后，其强度是相同的，这时可以通过调整图层的【不透明度】、【混合模式】与【图层样式】选项来控制其强度。

图 11-89　建立剪贴蒙版

1. 调整图层不透明度

调整图层本身具有【不透明度】选项，通过降低其【不透明度】选项，逐渐减少调整后效果，随之显示原图像效果，来减轻调整效果的强度，如图 11-90 所示。

| 【不透明度】为 70% | 【不透明度】为 50% | 【不透明度】为 20% |

 图 11-90　　设置不同的【不透明度】参数

2. 调整图层混合模式

混合模式是用来设置图层的混合效果，以增强和改善图像效果，在调整图层中也可以使用【混合模式】选项，通过它来改善调整效果，如图 11-91 所示。

| 【正片叠底】混合模式 | 【滤色】混合模式 | 【叠加】混合模式 |

图 11-91　　设置不同的【混合模式】选项

3. 调整图层样式

调整图层除了基本的【不透明度】和【混合模式】等属性外，还具有普通图层的【图层样式】功能。在调整图层中添加某些图层样式，可以创建特殊效果。依据调整图层与图层样式结合得到的效果文档比使用其他方法得到同样效果的文档大小要小得多，如图 11-92 所示。

注　意

调整图层与普通图层一样，也可以合并图层，但是调整图层的合并图层有些会影响整个图像的效果。所以调整图层不能作为合并的目标图层，也就是说选中普通图层后，其下方为调整图层，则无法执行【向下合并】命令。

图 11-92　　添加【颜色叠加】样式

11.6 课堂练习：瓶子里游泳的海豚

本实例制作的是在瓶子里游泳的海豚，效果如图 11-93 所示。在制作的过程中，通过利用【通道】命令，抠出瓶子图像，再添加图层蒙版修饰瓶子的高光。利用颜色调整命令，调整海豚的色调。为水素材添加图层蒙版，并使用【画笔工具】 ✏ 修饰边缘，最后为瓶子制作阴影部分，完成瓶子里游泳的海豚效果的制作。

🖼 图 11-93　在瓶子里游泳的海豚

操作步骤：

1 新建 1024 像素×768 像素的空白文档，导入瓶子素材。使用【钢笔工具】 ✏，沿瓶子绘制路径，按快捷键 Ctrl+Enter 将路径转换为选区，如图 11-94 所示。

🖼 图 11-94　抠出瓶子图像

> **提　示**
>
> 先选择瓶子图层，按快捷键 Ctrl+T，在工具选项栏中，设置旋转角度为 90°。

2 按快捷键 Ctrl+J 将瓶子复制一层，命名为"高光"，隐藏"瓶子"图层，切换到【通道】面板，如图 11-95 所示。

🖼 图 11-95　复制瓶子

3 在【通道】面板中，复制【蓝】通道，选择【蓝副本】通道，按快捷键 Ctrl+M 打开【曲线】对话框，调整曲线，调出瓶子的高光，如图 11-96 所示。

图 11-96　调整曲线

4　载入【蓝副本】通道的选区，返回【图层】
面板，选择"高光"图层，单击面板底部的
【添加图层蒙版】按钮 ，添加蒙版。使
用【画笔工具】 在高光区域涂抹，绘制
出瓶子的高光，如图 11-97 所示。

图 11-97　绘制高光

提　示

显示"瓶子"图层，设置"瓶子"图层的【混
合模式】为【正片叠底】，图层总体【不透明
度】为 70%。

5　新建"瓶子"图层组，将"瓶子"和"高光"
图层拖入该组中。导入素材"水"，载入瓶
子选区，为"水"图层添加图层蒙版，如图
11-98 所示。

图 11-98　导入"水"素材

6　设置前景色为"白色"，使用【画笔工具】
在瓶子区域涂抹，修饰"水"素材，如图
11-99 所示。

图 11-99　修饰"水"素材

7　在工具箱中选择【钢笔工具】 ，在画布
中绘制路径，转换为选区后，按 Delete 键
将选区中的内容删除，如图 11-100 所示。

图 11-100　删除部分水素材

8　在"瓶子"图层组上方新建图层，设置前景
色为深蓝色，在瓶子的底部和瓶口绘制高

光。设置图层的【混合模式】为【颜色】，如图 11-101 所示。

图 11-101　绘制瓶子的高光

9　导入海豚素材，使用【钢笔工具】 抠出海豚图像。按快捷键 Ctrl+T 将其等比例缩小为 35%，放到合适的位置，如图 11-102 所示。

图 11-102　导入海豚素材

10　单击面板底部的【创建新的填充或调整图层】按钮 ，执行【曲线】命令，调整曲线，如图 11-103 所示。

图 11-103　调整曲线

11　右击"曲线"图层，执行【创建剪切蒙版】命令，创建剪切蒙版。按照相同的方法，再使用【曲线】命令，调整曲线，如图 11-104 所示。

图 11-104　创建剪切蒙版

提　示

使用【曲线】命令后，选择曲线的蒙版，使用【画笔工具】 涂抹出海豚的暗部和高光。

12　利用【色相/饱和度】命令，设置【色相/饱和度】参数，使用【画笔工具】 涂抹海豚背部，如图 11-105 所示。

图 11-105　设置【色相/饱和度】参数

提　示

在剪切蒙版上方新建图层，填充深蓝色，添加蒙版后，使用【画笔工具】 涂抹出海豚腹部的反光区域。

13 选择"海豚"图层，设置其【混合模式】为【叠加】。新建"海豚"图层组，将海豚以及创建的剪切蒙版拖入该图层组中，如图 11-106 所示。

图 11-106　设置混合模式

14 在背景图层上方，新建图层，设置填充颜色为#d7eeff，使用【油漆桶工具】填充颜色，如图 11-107 所示。

图 11-107　填充颜色

15 新建图层，设置前景色为#82C4FA，进行填充。添加图层蒙版，使用【渐变工具】填充黑白线性渐变，如图 11-108 所示。

图 11-108　添加图层蒙版

16 新建图层，使用【矩形选框工具】绘制矩形，填充颜色。按照相同的方法，添加蒙版，绘制渐变效果，如图 11-109 所示。

图 11-109　绘制矩形选区

提　示

设置图层的【混合模式】为【正片叠底】，图层总体【不透明度】为 75%。打开【高斯模糊】对话框，设置【半径】为 8 像素，模糊渐变效果。

17 单击面板底部的【创建新的填充或调整图层】按钮，执行【色相/饱和度】命令，设置【色相】为-10，【饱和度】为-46，【明度】为-7，如图 11-110 所示。

图 11-110　调整【色相/饱和度】参数

提　示

载入"水"选区，为其添加曲线层，适当调整曲线，使水颜色加深。

18 载入瓶子选区，在"瓶子"图层组下方新建图层，填充黑色。按快捷键 Ctrl+T 压缩其高度。使用【画笔工具】✐修饰阴影，如图 11-111 所示。

图 11-112 绘制瓶子倒影

图 11-111 绘制瓶子的阴影

19 复制"瓶子"图层组，将其水平翻转，移动到合适的位置。为"瓶子副本"图层组添加图层蒙版，使用【渐变工具】▇添加黑白线性渐变，绘制倒影，如图 11-112 所示。

20 在所有图层上方，新建图层，填充具有透明度的渐变颜色，设置图层的【混合模式】为【柔光】，并添加图层蒙版，修饰光效果，完成水中游泳的海豚效果的制作，如图 11-113 所示。

图 11-113 添加光效果

11.7 课堂练习：制作仿古画

　　冬季干枯的树木，枝丫繁多，细节烦琐，在保持细节的情况下，选择【计算】命令创建选区，最后得到完美细节的冬季树木图像。然后结合【填充】和【滤镜】功能，以及相应的文字，即打造出一幅古代的水墨写生画。在制作过程中，要注意【计算】命令的使用方法，如图 11-114 所示。

图 11-114 制作仿古画

操作步骤：

1. 打开图片"原图"，双击背景层，得到"图层 0"，然后执行【图像】|【计算】命令。在弹出的【计算】对话框中，设置【源2】的【通道】为【绿】，设置【结果】为【新建通道】，如图 11-115 所示。

图 11-115   设置【计算】参数

2. 单击【确定】按钮退出后，打开【通道】面板。然后单击最下方的 Alpha1 通道，按快捷键 Ctrl+I 执行【反相】命令，如图 11-116 所示。

图 11-116   执行【反相】命令

3. 按住 Ctrl 键，单击 Alpha1 通道缩览图，载入选区。返回图层，按快捷键 Ctrl+J 复制选区图像。隐藏"图层 0"，即可看见所复制图像，如图 11-117 所示。

4. 在"图层 0"上新建一个图层。设置前景色为浅黄色（#F8F5DA），然后按快捷键 Alt+Delete 填充。执行【滤镜】|【滤镜库】|【纹理】|【纹理化】命令，为该图层添加纹理，如图 11-118 所示。

图 11-117   复制 Alpha1 通道

图 11-118   设置【纹理化】参数

5. 观察图像感觉细节不是太完善，按快捷键 Ctrl+J 将"图层 1"复制一层，细节出来了。选择【矩形选框工具】，在图像边缘绘制一个矩形，按快捷键 Ctrl+Shift+I 执行【反向】命令，如图 11-119 所示。

图 11-119   绘制选区

6. 新建一个图层，设置前景色为暗红色

（#6D1E02），按快捷键 Alt+Delete 填充颜色，为仿古画添加上边框。然后选择【直排文字工具】[IT]输入"冬至"两个大字，如图 11-120 所示。

图 11-120　输入字体

7　按快捷键 Ctrl+O 打开素材"印章"，使用【魔棒工具】[🔲]去除背景，然后放置到仿古画文档合适的位置，如图 11-121 所示。

图 11-121　导入素材

11.8　思考与练习

一、填空题

1. _____是做混合之前位于原处的色彩或图像；_____是被溶解于基色或是图像之上的色彩或图像；_____是混合后得到的颜色。

2. 图层混合模式主要控制上下两个图层在叠加时所显示的_____，通常设置_____的混合模式。

3. 比较模式组包括【差值】模式、【排除】模式、【_____】模式和【_____】模式。

4. 用于显示图像的阴影效果是_____。

5. 要想与缩小的图像同时缩小图层样式，需要执行【_____】命令。

二、选择题

1.【_____】混合模式是通过查看每个通道中的颜色信息，并选择基色或混合色中较亮的颜色作为结果色。

　　A. 溶解

　　B. 正片叠底

　　C. 变亮

　　D. 变暗

2.【_____】模式是通过查看每个通道中的颜色信息，并从基色中减去混合色。

　　A. 排除

　　B. 差值

　　C. 划分

　　D. 减去

3. 当图层中出现符号[🔲]，表示该图层添加了_____。

　　A. 填充

　　B. 图层蒙版

　　C. 智能

　　D. 形状

4. 双击"背景"以外的图层，能够打开【_____】对话框。

　　A. 图层样式

　　B. 图层属性

　　C. 面板选项

　　D. 图层组属性

5.【_____】是用来缩放图层样式效果的。

　　A. 拷贝图层样式

　　B. 创建图层

　　C. 缩放效果

D．全局光

三、问答题

1．简述混合模式的原理。

2．在哪些工具或对话框中能够设置混合模式选项？

3．如何为图像添加图层样式效果？

4．在添加图层样式后，如何为样式添加其他效果？

5．怎么才能够成比例缩放图像以及图像样式效果？

四、上机练习

1．无破坏提取图像

要无破坏地提取图像，可以采用图层蒙版的方式。方法是根据图像的色调显示，使用【磁性套索工具】，或者通道建立主题图像的选区，然后将"背景"图层转换为普通图层。接着单击【图层】面板底部的【添加图层蒙版】按钮，即可隐藏选区以外的图像，得到主题图像，如图 11-122

所示。

🔲 **图 11-122** 无破坏提取图像

2．通过通道变换图像色调

通过复制颜色通道，能够得到不同色调的图像效果。这里是将【红】通道复制到【蓝】通道后，得到的色彩变换效果，如图 11-123 所示。

🔲 **图 11-123** 通过通道变换图像色调

第 12 章

Photoshop 3D 效果

在 Photoshop 中制作立体效果，最先想到的是通过光影效果来产生立体视觉效果。这种制作方法需要具有一定的美术功底，并且只能显示对象固定的角度。Photoshop 中的 3D 对象功能，对于简单对象的立体效果，可以通过软件中的 3D 命令来实现。

Photoshop CC 优化了 3D 功能，从而在编辑 3D 对象时更加稳定、快速。该软件还提供了预设的 3D 模型，并通过简单的命令可以直接进行创建。

本章主要讲述 3D 的创建与编辑，并通过对 3D 软件中常见的纹理、灯光等 3D 属性进行详细的讲解，使用户很轻松地编辑带有 3D 效果的高级图像。

本章学习要点：

➤ 创建 3D 对象
➤ 3D 对象操作
➤ 编辑 3D 对象属性
➤ 绘制 3D 对象纹理

12.1 3D 图层

Photoshop 不仅能够编辑二维平面图像,还能够创建三维对象。Photoshop CC 在
Photoshop CS6 的基础上,改进了 3D 面板与【属性】面板。当创建 3D 对象后,Photoshop 的工作环境也会发生变化,出现主副两个视图,如图 12-1 所示。

12.1.1 3D 面板

Photoshop 中的 3D 面板,在创建
3D 对象之前与之后,其面板中的选项

图 12-1 3D 工作环境

会有所不同。在创建 3D 对象之前,3D 面板中的选项是用来创建不同类型的 3D 对象,如图 12-2 所示。

无论创建何种类型的 3D 对象,3D 面板中的选项都会发生变化。在变化后的 3D 面板中,分别包括整个场景、网格、材质与光源,如图 12-3 所示。

图 12-2 创建 3D 对象之前的 3D 面板

图 12-3 创建 3D 对象之后的 3D 面板

提 示

当创建任何一种 3D 对象后,工具选项栏中将会显示 3D 模型中的操作工具。如果当前使用的是【移动工具】 ,那么光标就会显示为【旋转 3D 对象】 。

12.1.2 创建 3D 对象

Photoshop CC 不仅支持各种 3D 文件,如文件格式为 U3D、3DS、OBJ、KMZ 以及 DAE 的 3D 文件,还能够在该软件中创建 3D 对象。无论是外部的 3D 文件,还是自身创建的 3D 对象,均可包含下列一个或多个组件。

❑ **网格** 提供 3D 模型的底层结构。通常,网格看起来是由成千上万个单独的多边

形框架结构组成的线框。3D 模型通常至少包含一个网格，也可能包含多个网格。在 Photoshop 中，可以在多种渲染模式下查看网格，还可以分别对每个网格进行操作。

❏ **材料**　一个网格可具有一种或多种相关的材料，这些材料控制整个网格的外观或局部网格的外观。这些材料依次构建于被称为纹理映射的子组件，它们的积累效果可创建材料的外观。Photoshop 材料最多可使用 9 种不同的纹理映射来定义其整体外观。

❏ **光源**　光源类型包括无限光、点光和聚光灯。可以移动和调整现有光照的颜色和强度，并且可以将新光照添加到 3D 场景中。

虽然 3D 对象能够通过 3D 命令进行创建，但是在 3D 面板中，能够根据不同的目标对象创建不同类型的 3D 对象，从而简化 3D 对象的创建过程。

1. 选中的图层

执行【窗口】|3D 命令，弹出 3D 面板。在默认情况下，【源】下拉列表中显示的是【选中的图层】选项。这时，该选项下方的 3D 类型选项均能够被启用，从而创建相应的 3D 对象，如图 12-4 所示。

❏ **3D 明信片**

当画布中存在图像时，在 3D 面板中启用【3D 明信片】选项，单击【创建】按钮，即可将 2D 图层转换为 3D 图层，并且具有 3D 属性的平面，如图 12-5 所示。

图 12-4　新建 3D 对象选项组

> **提　示**
>
> 创建任何 3D 图层，当文档中只有"背景"图层时，执行该命令，就会将 2D 的"背景"图层转换为 3D 图层。

2D 图层转换为 3D 图层后，2D 图层内容作为材料应用于明信片两面。而原始 2D 图层作为 3D 明信片对象的"漫射"纹理映射出现在【图层】面板中，并且保留了原始 2D 图像的尺寸。

图 12-5　创建 3D 明信片对象

❏ **3D 模型**

当启用【3D 模型】选项，并单击【创建】按钮后，工作环境转换为 3D 环境。这时在画布中单击并拖动即可发现平面图像转换为立方体，如图 12-6 所示。

❏ **从预设创建网格**

当启用【从预设创建网格】选项，并且选择下拉列表中的选项后，即可将二维图像作为立体对象中的其中一个面，如图 12-7 所示。或者在空白图层中，创建各种预设 3D

形状对象。

图 12-6　创建 3D 模型

图 12-7　创建预设 3D 对象

> **提 示**
>
> Photoshop 中还准备了各种 3D 网络，如锥形、圆环、帽形、金字塔、易拉罐、酒瓶等模型。并且只要【图层】面板中存在普通图层，即可创建 3D 网格对象。

□ 从深度映射创建网格

【从深度映射创建网格】选项可将灰度图像转换为深度映射，从而将明度值转换为深度不一的表面。较亮的值生成表面上凸起的区域，较暗的值生成凹下的区域。然后，Photoshop 将深度映射应用于四个可能的几何形状中的一个，以创建 3D 模型。

选中 2D 图像，启用【从深度映射创建网格】选项，并单击【创建】按钮。这时 2D 图像转换为 3D 对象，并且根据 2D 图像中颜色的明暗关系形成 3D 对象，如图 12-8 所示。

图 12-8　从深度映射创建网格

在【从深度映射创建网格】选项下拉列表中，还包括【平面】、【圆柱体】和【球体】选项。其中，【平面】命令是用来创建两个沿中心轴对称的平面，并将深度映射数据应用于两个平面；【圆柱体】命令是用来从垂直轴中心向外应用深度映射数据；【球体】命令是用来从中心点向外呈放射状地应用深度映射数据，如图 12-9 所示。

图 12-9　平面、圆柱体与球体

□ **3D 体积**

3D 面板中的【3D 体积】选项主要针对 DICOM 文件。DICOM（医学数字成像和通信的首字母缩写）是接收医学扫描的最常用标准，可使用 Photoshop 打开和处理 DICOM（.dc3、.dcm、.dic 或无扩展名）文件。

要想创建 3D 体积对象，首先要准备 DICOM 文件。执行【文件】|【打开】命令，选择一个 DICOM 文件，在对话框左侧列表中选择要转换为 3D 体积的帧。然后启用【帧导入选项】选项组中的【作为体积导入】选项，单击【打开】按钮，DICOM 文件以 3D 体积图层打开，如图 12-10 所示。

图 12-10　打开 DICOM 文件

提　示

Photoshop 可读取 DICOM 文件中的所有帧，并将它们转换为 Photoshop 图层。Photoshop 还可以将所有 DICOM 帧放置在某个图层上的一个网格中，或将帧作为可以在 3D 空间中旋转的 3D 体积来打开。

2. 工作路径

当画布中存在路径对象，并且在新建的图层中填充颜色后，能够在 3D 面板中的【源】下拉列表中选择【工作路径】选项。这时，只有【3D 模型】选项可用。启用该选项并单击【创建】按钮，即可得到 3D 对象，如图 12-11 所示。

图 12-11　以工作路径为对象创建 3D 对象

3．当前选区

当画布中存在选区，并且在新建的图层中填充颜色后，能够在 3D 面板中的【源】下拉列表中选择【当前选区】选项。这时，同样只有【3D 模型】选项可用。启用该选项并单击【创建】按钮，即可得到 3D 对象，如图 12-12 所示。

4．文件

当选择 3D 面板中【源】下拉列表中的【文件】选项后，下方的所有选项均不可用。这时，单击【创建】按钮，弹出【打开】对话框。在其中选择 3D 格式的文件后，单击【打开】按钮，即可在空白画布中打开 3D 格式的对象，如图 12-13 所示。

图 12-12　以选区为对象创建 3D 对象

图 12-13　打开外部 3D 对象

12.2　3D 对象的基本操作

无论通过任何命令创建的 3D 图层，只要选中该 3D 图层，就会激活工具选项栏中的 3D 工具。同样的 3D 工具，既可以编辑 3D 对象，也可以编辑相机视图。

12.2.1　编辑 3D 对象

Photoshop 中的 3D 模式工具组主要是用来旋转、缩放模型或调整模型位置。当操作 3D 模型时，场景中的相机视图保持固定。如果系统支持 OpenGL，还可以使用 3D 轴来操控 3D 模型。

1．3D 模式工具组

3D 模式工具组包括 5 个工具，不同工具的作用也有所不同。当【图层】面板中存在 3D 图层时，选择工具选项栏中 3D 模式工具组中的某个工具，即可在工具选项栏中显示 3D 工具组中的所有工具与选项，如图 12-14 所示。

图 12-14　3D 模式工具组

其中，各个工具名称的图标与作用如表 12-1 所示。

表 12-1　3D 对象工具组中的各个工具及作用

工具名称	图标	作　用
旋转 3D 对象	🔄	使用该工具上下拖动可将模型围绕其 X 轴旋转；两侧拖动可将模型围绕其 Y 轴旋转。按住 Alt 键的同时进行拖移，可滚动模型
滚动 3D 对象	🔄	使用该工具两侧拖动可使模型绕 Z 轴旋转
拖动 3D 对象	✛	使用该工具两侧拖动可沿水平方向移动模型；上下拖动可沿垂直方向移动模型。按住 Alt 键的同时进行拖移可沿 X/Z 方向移动
滑动 3D 对象	✛	使用该工具两侧拖动可沿水平方向移动模型；上下拖动可将模型移近或移远。按住 Alt 键的同时进行拖移可沿 X/Y 方向移动
缩放 3D 对象	🔄	使用该工具上下拖动可将模型放大或缩小。按住 Alt 键的同时进行拖移可沿 Z 方向缩放

3D 模式工具组中的【旋转 3D 对象】🔄主要是用来沿 X 或者 Y 轴旋转 3D 对象；而【滚动 3D 对象】🔄则主要是用来沿 Z 轴旋转 3D 对象，但是两者结合 Alt 键能够临时切换工具。如图 12-15 所示为旋转 3D 对象的各种角度效果。

使用【拖动 3D 对象】✛与【滑动 3D 对象】✛左右拖动时，能够水平移动 3D 对象。但是上下拖动时，则通过前者工具可以垂直移动 3D 对象；而通过后者工具则可以将 3D 对象移近或者移远，如图 12-16 所示。

3D 模式工具组中的【缩放 3D 对象】🔄，上下拖动能够放大或者缩小 3D 对象，如图 12-17 所示。

图 12-15　旋转 3D 对象

图 12-16　移动 3D 对象

2. 3D 轴

当在主视图中单击 3D 对象后，即可在 3D 对象中心位置显示 3D 轴，如图 12-18 所示。3D 轴显示 3D 空间中 3D 模型当前 X、Y 和 Z 轴的方向。

3D 轴的操作与使用 3D 对象工具操作 3D 对的效果相同，所以能够将前者作为后者 3D 对象备选工具。单击 3D 轴上方并且拖动，即可对 3D 对象进行操作，如图 12-19 所示。

图 12-17　3D 对象的放大与缩小状态

图 12-18　3D 轴

图 12-19　使用 3D 轴操作 3D 对象

其中，具体操作如下。

❑ 要沿着 X、Y 或 Z 轴移动 3D 对象，可以指向任意轴的锥尖，以任意方向沿轴拖动即可。

❑ 要旋转 3D 对象，单击轴尖内弯曲的旋转线段，将会出现显示旋转平面的黄色圆环。这时围绕 3D 轴中心沿顺时针或逆时针方向拖动圆环即可。

❑ 要调整 3D 对象的大小，只要向上或向下拖动 3D 轴中的中心立方体即可。

❑ 要沿轴压缩或拉长 3D 对象，将某个彩色的变形立方体朝中心立方体拖动，或拖动其远离中心立方体即可。

❑ 要将移动限制在某个对象平面，可以将鼠标指针移动到两个轴交叉（靠近中心立方体）的区域。这时两个轴之间出现一个黄色的【平面】图标，只要向任意方向拖动即可。

12.2.2　编辑相机视图

在 3D 图层中，除了能够对 3D 对象进行移动、翻转、缩放等操作，来改变 3D 对象在场景中的位置，从而得到不同的查看效果外，还可以通过相机进行移动、缩放等操作，来改变相机在场景中的位置，从而得到不同的查看效果。

1. 查看 3D 视图

在 Photoshop CC 中，3D 模式中的两个视图可以互换，只要单击 3D 副视图右上角的【互换主副视图】图标即可，如图 12-20 所示。

图 12-20　互换主副视图

而在 3D 副视图中，单击左上角的【选择视图/相机】图标后，在弹出的列表中还包括 9 个不同角度的视图选项，分别为【默认视图】、【左视图】、【右视图】、【俯视图】、【仰视图】、【后视图】、【前视图】、【消失点网格】与【默认相机】，部分选项效果如图 12-21 所示。

图 12-21　不同角度的视图

　　在 3D 主视图与副视图之间，前者是用来编辑与调整 3D 对象的工作区域，后者则是用来显示不同方向的视图效果。

2. 调整 3D 相机位置

　　在 Photoshop CC 中没有专门的 3D 相机工具，3D 模式工具组中的工具既可以调整 3D 对象，也可以调整相机视图。方法是当鼠标单击 3D 对象并拖动时，编辑的是 3D 对象；当鼠标单击 3D 地面并拖动时，编辑的是 3D 相机视图，如图 12-22 所示。

图 12-22　编辑 3D 相机视图

　　在 Photoshop 工作区域的左下角还显示着一个 3D 轴，该 3D 轴与 3D 对象中的 3D 轴不同，是用来显示 3D 地面的。会发现当 3D 地面方向发生变化后，该 3D 轴同时发生变化，如图 12-23 所示。

图 12-23　相机视图 3D 轴

这时会发现 3D 对象与相机视图的调整不是通过不同的工具来实现的，而是通过选择不同的对象来实现的，如图 12-24 所示。

图 12-24　选择不同的对象

3．设置 3D 相机选项

当单击并拖动 3D 地面后，改变的是 3D 相机视图，所以在【属性】面板中则显示的是【3D 相机】选项，如图 12-25 所示。

【属性】面板中的【视图】选项与副视图中【选择视图/相机】列表中的选项相同，而【透视】与【正交】选项则是两种不同的 3D 地面显示方式，如图 12-26 所示。

而不同的 3D 地面显示方式，其相关选项会有所不同。其中，【透视】3D 地面的相关选项为【视角】选项，如图 12-27 所示。

当选择【正交】3D 地面的显示方式后，其相关选项为【缩放】选项，如图 12-28 所示。

图 12-25　【属性】面板中的【3D 相机】选项

图 12-26　【透视】与【正交】3D 地面显示

图 12-27　不同【视角】选项参数

既然为 3D 相机，那么就会有景深效果。【属性】面板中【景深】选项组的【距离】选项是用来设置从相机到焦平面的距离；而【深度】选项则是用来设置从焦平面到模糊平面的深度，如图 12-29 所示。

【属性】面板中的【立体】选项组是用来设置立体渲染的，在

图 12-28　不同【缩放】选项参数

该选项组的【类型】下拉列表中包括【浮雕装饰】、【透镜】与【并排】选项。选择不同的类型选项，下方则显示相应的选项设置。其中，【浮雕装饰】选项则可以通过设置【距

离】以及【深度】选项来设置效果，如图 12-30 所示。

图 12-29　景深效果

图 12-30　【浮雕装饰】选项

　　【透镜】类型则能够通过【镜头方向】、【每英寸镜头数】、【距离】以及【深度】选项来设置其效果，如图 12-31 所示。

　　【并排】类型则能够通过【排列方式】、【间隙大小】、【距离】以及【深度】选项来设置其效果，如图 12-32 所示。

图 12-31　【透镜】选项

图 12-32　【并排】选项

12.3　设置 3D 对象的属性

　　3D 面板是单独为 3D 对象而建立的调整工作平台，通过该面板，可以轻松地对 3D 对象进行创建、选择以及查看。在此面板中也可以为当前对象添加新的灯光，但是要想详细地设置材质参数、调整灯光位置及光线强度等选项，则需要在【属性】面板中完成。

　　在【属性】面板中，选择 3D 面板中的不同选项，【属性】面板中将显示相应的属性选项；如果选择工具箱中的不同工具，【属性】面板中将显示该工具在 3D 对象中的各个属性选项。

12.3.1　3D 场景设置

使用 3D 场景设置可更改渲染模式、选择要在其上绘制的纹理或创建横截面。要访问场景设置，单击 3D 面板中的【滤镜：整个场景】按钮，然后在面板顶部选择【场景】条目，即可在【属性】面板中查看并编辑场景中的各个选项，如图 12-33 所示。

图 12-33　【滤镜：整个场景】的选项

1. 预设

通过【预设】下拉列表可进行自定义渲染设置。其中提供了多种预设效果，而默认选项为【自定】。选择不同的选项可应用相应的预设，如图 12-34 所示。

图 12-34　预设渲染设置

2. 横截面

通过将 3D 对象与一个不可见的平面相交从而形成该对象的横截面。启用该选项即可激活隐藏的选项，可对位移、倾斜等进行设置。

要想查看 3D 对象的横截面，首先要在【属性】面板中启用【横截面】选项。这时，即可呈现所选对象的横截面效果，如图 12-35 所示。

在【横截面】选项组中，【平面】选项用来显示创建横截面的相交平面。可以选择平面颜色，以及设置其【不透明度】，以便更加清晰地查看横截面效果，如图 12-36 所示。

图 12-35　启用【横截面】选项　　　　图 12-36　改变横截面颜色

　　【相交线】选项是选择以高亮显示横截面平面相交的对象线条。单击色块，可以选择高光颜色；而单击【翻转横截面】按钮 ，可以将对象的显示区域更改为反面，如图 12-37 所示。

　　【横截面】选项组中的【位移】选项，可以沿平面的轴移动平面，而不更改平面的斜度；而【倾斜】选项可将平面朝其任一可能的倾斜方向旋转至 360 度。对于特定的轴，倾斜设置会使平面沿其他两个轴旋转，如图 12-38所示。

图 12-37　设置【相交线】选项

图 12-38　设置不同参数

　　横截面不是只有一个方向，可以分别以 X 轴、Y 轴与 Z 轴为轴，来显示不同方向的横截面效果。当启用不同的对齐方式后，横截面的位移与倾斜也会发生相应的变化，如图 12-39 所示。

图 12-39　启用不同方向轴

3. 表面

启用【表面】选项，可以对 3D 对象的表面样式和纹理进行设置。其中部分选项与【预设】列表中的相同，其他为表面选项特有的表面样式，如图 12-40 所示。

图 12-40　部分表面样式效果

> **提　示**
>
> 【纹理】选项是为【未照亮的纹理】与【素描】选项设置纹理映射的；而【反射】、【折射】、【阴影】则具有显示或隐藏这些光线跟踪特定的功能。

其中，【表面】的【样式】下拉列表中的各个选项及功能如表 12-2 所示。

表 12-2　【表面】的【样式】列表中的各个选项及作用

选项	功能
【实色】	使用 OpenGL 显卡上的 GPU 绘制没有阴影或反射的表面
【未照亮的纹理】	绘制没有光照的表面，而不仅仅显示选中的【纹理】选项
【平坦】	对表面的所有顶点应用相同的表面标准，创建平坦外观
【常数】	用当前指定的颜色替换纹理
【外框】	显示反映每个组件最外侧尺寸的对话框
【法线】	以不同的 RGB 颜色显示表面标准的 X、Y 和 Z 组件
【深度映射】	显示灰度模式，使用明度显示深度
【绘画蒙版】	可绘制区域以白色显示，过度取样的区域以红色显示，取样不足的区域以蓝色显示
【漫画】	选择该选项后，还能够配合【表面渲染颜色】色块为 3D 对象添加表面颜色
【仅限于光照】	选择该选项后，还能够配合【表面渲染颜色】色块为 3D 对象添加光照颜色
【素描】	选择该选项后，还能够配合【纹理】下拉列表中的选项为 3D 对象添加表面素描纹理

4. 线条

启用【线条】选项激活该选项中的子选项，可以对 3D 对象的边缘样式、宽度和角度阈值进行设置，从而决定 3D 对象中线条的显示方式，如图 12-41 所示。

图 12-41　线条效果

5. 点

启用【点】选项激活该选项中的子选项，可以对 3D 对象的【样式】和【半径】进行设置，从而调整顶点的外观，如图 12-42 所示。

6. 其他选项

在【属性】面板的【场景】选项

图 12-42　顶点效果

组中还包括其他选项,如【线性化颜色】选项、【阴影】选项,以及【移去隐藏内容】选项中的【背面】与【线条】选项。通过这些选项的启用与禁用,能够改变 3D 对象的显示效果,如图 12-43 所示。

12.3.2 3D 网格设置

3D 模型中的每个网格都出现在 3D 面板顶部的单独线条上。单击 3D 面板顶部的【滤镜:网格】按钮▣,即可在【属性】面板中设置应用于网格的材质和纹理数量,如图 12-44 所示。

图 12-43 改变 3D 对象的显示效果   图 12-44 网格属性面板

在【属性】面板中,不仅包括【网格】选项组,还能够设置【变形】选项组、【盖子】选项组以及【坐标】选项组,如图 12-45 所示。

图 12-45 【属性】面板中的其他选项组

1. 网格

在【网格】选项组中,包含了 3D 对象的投影设置,以及【变形】等其他选项组中的个别选项,也就是说,【网格】选项组中的个别选项还能够在相应的选项组中更加详细的设置。

【网格】选项组中的【投影】与【不可见】选项，分别是用来控制 3D 对象的投影效果以及本身的可见度，如图 12-46 所示。

单击【编辑源】按钮，可以在新建文档中打开 3D 对象中纹理的源文件，如图 12-47 所示。这时在新建文档中编辑源文件，保存后即可反映在 3D 对象中。

图 12-46 【投影】与【不可见】选项　　　图 12-47 编辑源

2. 变形

单击【属性】面板顶部的【变形】按钮，切换到【变形】选项组，在该选项组中不仅能够使用预设的变形效果，还能够手动对 3D 对象进行变形，或者通过设置参数值进行变形。

在【形状预设】列表中，包括 18 种预设变形效果，单击任何一种预设选项，均能够使 3D 对象进行变形，如图 12-48 所示。

图 12-48 部分形状预设效果

当选中【变形】选项组后，主视图中将显示变形操作图标，分别能够进行扭转、弯曲、凸出以及锥度变形，如图 12-49 所示。

在变形操作中，通过单击并拖动不同的功能图标，即可随意变换形状，如图 12-50 所示。

图 12-49　变形操作

图 12-50　随意变形

在【属性】面板的【变形】选项组中，还能够通过设置参数值进行形状变形。通过拖动选项滑块，或者直接输入参数值均可，如图 12-51 所示。

3. 盖子

单击【属性】面板顶部的【盖子】按钮 ，切换到【盖子】选项组，在该选项组中可以设置 3D 对象表面的斜面与膨胀效果。在【边】下拉列表中包括【前部】、【背面】以及【前部与背面】子选项，下面以【前部】为例设置其效果。

当选择【盖子】选项组后，主视图中将显示操作图标，单击并左右拖动可以减少或增加斜面宽度；单击并上下拖动可以增加或减少膨胀强度，如图 12-52 所示。

图 12-51　设置参数值进行变形

图 12-52　盖子操作图标

在【盖子】选项组中，同样能够通过操作图标或者参数值来进行调整，也可以两者相结合，如图 12-53 所示。

图 12-53 操作效果

4. 坐标

单击【属性】面板顶部的【坐标】按钮，切换到【坐标】选项组，在该选项组中可以设置 3D 对象在 3D 环境中的位置，以及显示的尺寸与方向。该选项组中的选项只是将 3D 模式工具组中的工具参数化，也就是说可以更加精确地设置 3D 对象在 3D 环境中的显示状态。

其中，参数值下方的图标分别为【重置位置】、【重置旋转】以及【重置缩放】，这些图标是在设置参数后，用来恢复原始参数的。而当单击【移到地面】按钮 移到地面 后，3D 对象就会放置在 3D 地面上，如图 12-54 所示。

图 12-54 移到地面

● 12.3.3 3D 材质设置

单击 3D 面板顶部的【滤镜：材质】按钮，【属性】面板会列出在 3D 对象中使用的材质，如图 12-55 所示。可以使用一种或多种材质来创建模型的整体外观。

如果模型包含多个网格，每一个网格都会具有一定的材质属性，无论是颜色还是图像，甚至更加复杂的纹理。【属性】面板中的材质选项包含了网格的基本材质属性。

❑ 漫射 指材质的颜色。漫射映射可以是实色或任意

图 12-55 材质选项

2D 内容。如果您选择移去漫射纹理映射，则【漫射】色板值会设置漫射颜色。还可以通过直接在模型上绘画来创建漫射映射，如图 12-56 所示。

- ❑ **镜像** 为镜面属性显示
的颜色。
- ❑ **发光** 它是不依赖于光
照即可显示的颜色。创建
从内部照亮 3D 对象的效
果，如图 12-57 所示。
- ❑ **环境** 是设置在反射表
面上可见的环境光的颜
色。该颜色与用于整个场
景的全局环境色相互作用。

图 12-56　设置【漫射】选项

- ❑ **闪亮** 是设置【光泽】时所产生的反射
光的散射。低反光度（高散射）产生更
明显的光照，而焦点不足。高反光度（低
散射）产生较不明显、更亮、更耀眼的
高光。
- ❑ **反射** 可以增加 3D 场景、环境映射和
材质表面上其他对象的反射。
- ❑ **粗糙度** 用来设置表面材质的粗糙
强度。

- ❑ **凹凸** 在材质表面创建凹凸，无须改变
底层网格。凹凸映射是
一种灰度图像，其中较
亮的值创建突出的表面
区域，较暗的值创建平
坦的表面区域，如图
12-58 所示。

图 12-57　设置【发光】选项

- ❑ **不透明度** 增加或减少
材质的不透明度（在 0～
100%范围内）。可以使用
纹理映射或小滑块来控制不透明度。

图 12-58　设置【凹凸】选项

- ❑ **折射** 在场景【品质】设置为【光线跟踪】
且【折射】选项已在 3D 大于【渲染设置】
对话框中选中时设置折射率。两种折射率
不同的介质（如空气和水）相交时，光线
方向发生改变，即产生折射。新材质的默
认值是 1.0（空气的近似值）。

在【属性】面板中，单击材质预览，会弹出
Photoshop 所预设好的材质预览框，选择其中的材
质，可以快速地添加 3D 纹理效果，如图 12-59 所示。

图 12-59　预设材质

12.3.4 3D 光源设置

在专业的三维软件中，3D 对象最终需要在光源的照射下，才能充分展示清楚其现实情况下的三维轮廓形态。同样，在 Photoshop 中创建的 3D 对象，给它添加光源及控制光源的强度和位置至关重要。3D 光源可以从不同角度照亮模型，从而添加逼真的深度和阴影。Photoshop 提供了三种类型的光源。

❏ **点光源**　该类型光源像灯泡一样，向各个方向照射。

图 12-60　3D 光源

❏ **聚光灯**　该类型光源照射出可调整的锥形光线。

❏ **无限光**　该类型光源像太阳光一样，从一个方向平面照射出光线。

单击 3D 面板顶部的【滤镜：光源】按钮，【属性】面板会列出在 3D 对象中照明的光源选项，如图 12-60 所示。

1. 创建光源

当在 3D 面板中单击【滤镜：光源】按钮，在该面板以及主视图中会发现有一个默认的光源——【无限光】，如图 12-61所示。

图 12-61　默认光源

对于创建的 3D 对象，根据其所处环境，需要创建不同的光源。要创建光源，可以在 3D 面板底部单击【将新光照添加到场景】按钮，然后选择不同光源的创建选项即可。如图 12-62所示分别为点光与聚光灯的创建。

①②③④选择

图 12-62　新建光源

在 Photoshop CC 中，还添加了预设灯光的设置，只要选择【预设】下拉列表中的选项，即可在场景中添加相应的灯光效果。如图 12-63 所示为预设灯光的部分效果。

図 12-63　预设灯光

2. 调整无限光

在【属性】面板中，选择不同类型的光源，其面板下面显示的设置选项会有所不同。无限光是默认的光源，只要在 3D 面板中单击【滤镜：光源】按钮，即可在【属性】面板中查看【无限光】选项。在该面板中，除了【无限光】选项外，还包括【坐标】选项，如图 12-64 所示。在该面板中发现，只有【旋转】选项可用，【位置】与【缩放】选项不可用。

在【无限光】选项中，【颜色】选项包括【颜色】设置与【强度】设置。单击【颜色】色块选择光颜色后，还可以通过拖动【强度】滑块来控制光强度，如图 12-65 所示。

通过启用与禁用【阴影】选项可以创建 3D 对象的阴影效果，而【柔和度】选项则是用来模糊阴影边缘，产生逐渐的衰减。

在 3D 面板中单击【滤镜：光源】按钮，还能够在主视图中查看光源的显示图标。而光源的照射方向既可以通过光源显示图标手动调整，还能够在【属性】面板的【坐标】选项组中进行精确设置，如图 12-66 所示。

图 12-64　【无限光】与【坐标】选项

图 12-65　设置光颜色与强度

3. 调整点光

添加点光光源后，在【属性】面板中显示【点光】选项。【点光】选项在【无限光】选项的基础上添加了【光照衰减】选项组，设置【内经】或者【外径】选项参数值，可以控制点光光源的照射范围，如图 12-67 所示。

图 12-66　调整光源坐标

在【点光】的【坐标】选项中，点光光源只能够移动位置，不能够旋转光源方向，如图 12-68 所示。

4. 调整聚光光

添加聚光灯光源后，在【属性】面板中显示【聚光灯】选项。【聚光灯】选项在【点光】选项的基础上添加了【聚光】、【锥形】以及【原点处的点】选项，如图 12-69 所示。

图 12-67　光照衰减效果

图 12-68　移动光源位置

图 12-69　【聚光灯】选项

【聚光】选项是用来设置聚光灯光源明亮中心的宽度；而【锥形】选项则是用来设置聚光灯光源的外部宽度，如图 12-70 所示。

在聚光灯光源中，不仅能够移动光源的位置，还能够旋转光源的方向。其方法跟移动与旋转 3D 对象的操作方法相同，并且还搭配了光源 3D 轴，如图 12-71 所示。

> **提　示**
>
> 3D 环境中的无限光、点光以及聚光灯之间可以自由转换，方法是在【属性】面板中选择【类型】下拉列表中的相应选项即可。

图 12-70　【聚光】与【锥形】效果

图 12-71 移动并旋转聚光灯

12.4 3D 绘画

3D 对象的材料不仅能够设置为颜色或者 2D 图像，还能够使用绘画工具直接在 3D 对象上绘画，作为其纹理映射。而对于较为复杂的 3D 对象，还可以在其内部进行绘制纹理。

3D 对象包含多种绘画方法，不同的绘画方法使用的工具、绘画区域各不相同。其中，各种绘画方法如下。

- ❑ **实时 3D 绘画** 在 3D 模型视图或纹理视图中创建的画笔描边会实时反映在其他视图中。此 3D 绘画方法可提供高品质低失真的图像（Photoshop CC 中的默认方法）。
- ❑ **图层投影绘画** 渐变工具和滤镜使用此绘画方法。"图层投影绘画"方法是将绘制的图层与下层 3D 图层合并。在合并操作期间，Photoshop 会自动将绘画投影到相应的目标纹理上。
- ❑ **投影绘画** "投影绘画"适用于同时绘制多个纹理或绘制两个纹理之间的接缝。但一般而言，该绘画方法效率较低，并可能在绘制复杂的 3D 对象时导致裂缝（Photoshop Extended CS6 中的默认方法）。
- ❑ **纹理绘画** 可以打开 2D 纹理直接在上面绘画。

12.4.1 投影绘画模式

在默认情况下，3D 对象的绘画方式为投影绘画模式。当创建 3D 对象后，执行 3D|【绘画系统】|【投影】命令，即可使用【画笔工具】 ✐ 在 3D 对象中进行绘制，如图 12-72 所示。

图 12-72 投影绘画模式

提 示

在 3D 模式中，当选择【移动工具】 ➤ 以外的其他工具后，3D 地面就会被隐藏。

当选择绘画工具后，【属性】面板中除了显示【场景】、【坐标】选项外，还显示【3D绘画】选项，如图 12-73 所示。

1.【绘画系统】与【绘制于】

无论是何种模式的 3D 绘画模式，只要选择绘画工具就可以在【属性】面板中设置 3D 绘画的选项。其中，【绘画系统】列表中列出了【纹理】与【投影】两个选项，前者只能在某个网格中进行绘画；后者则可以跨材质或拼接绘画，如图 12-74 所示。

图 12-73　【3D 绘画】选项

【绘制于】选项是用来设定目标纹理类型以进行绘画的选项，列表中包括 9 种不同的目标类型，分别为【漫射】、【凹凸】、【镜面颜色】、【不透明度】、【反光度】、【自发光】、【反射】、【粗糙度】以及【深度】。而在具有多个纹理的 3D 对象中，只会在已打开并开始绘画的纹理上进行绘画。

2.【绘画衰减】

在 3D 对象上绘画时，绘画

图 12-74　不同绘画系统

衰减角度控制表面在偏离正面视图弯曲时的油彩使用量。衰减角度是根据朝向的 3D 对象表面突出部分的直线来计算的，所以当 3D 对象位置变换时，同区域中的绘画衰减角度就会有所不同。

例如，在球面模型中，当球面正对时，球体正中心的衰减角度为 0 度；随着球面的弯曲，衰减角度增大，在球体边缘处达到最大 90 度，如图 12-75 所示。

执行 3D|【绘画衰减】命令，弹出【绘画衰减】对话框。其中，包括两个选项：【最大】与【最小】角度选项，各选项的作用如下。

图 12-75　衰减角度示意图

- ❑ **最大**　其参数值范围在 0～90 度之间。0 度时绘画仅应用于正对前方的表面，没有减弱角度；90 度时绘画可沿弯曲的表面延伸至其可见边缘；在 45 度角设置时，绘画区域限制在未弯曲到大于 45 度的球面区域。
- ❑ **最小**　设置绘画随着接近最大衰减角度而渐隐的范围。例如，如果最大衰减角度是 45 度，最小衰减角度是 30 度，那么在 30 度和 45 度的衰减角度之间，绘画不透明度将会从 100 减少到 0。

其默认值为【最小】角度参数值为 80，【最大】角度参数值为 85。设置不同的参数值，将得到不同的绘画效果。而在【属性】面板中同样能够设置【绘画衰减】选项，当设置该选项参数完成后，单击【选择可绘画区域】按钮，就会在 3D 对象中显示选区。这时就只能够在选区中进行绘画，如图 12-76 所示。

图 12-76　不同绘画衰减参数值的绘画效果

3.【渲染设置】

在 Photoshop 中，系统为默认预设提供了常用设置。渲染设置决定如何绘制 3D 模型。在【属性】面板的【渲染设置】选项组中，包括【阴影】与【未照亮】选项。这两个选项是用来设置 3D 对象是否使用阴影与光源，如图 12-77 所示。

4.【UV 叠加】

3D 对象上多种材料所使用的漫射纹理文件，可将应用于模型上不同表面的多个内容区域编组，这个过程叫做 UV 映射。它将 2D 纹理映射中的坐标与 3D 对象上的特定坐标相匹配，使 2D 纹理可正确地绘制在 3D 对象上。

在【属性】面板中，默认情况下为启用【UV 叠加】选项组，该选项组就是在打开的纹理文档中显示 UV 叠加。所以要想查看并设置 UV 叠加效果，首先要打开纹理文档。方法是在【图层】面板中双击 3D 对象的某个材质纹理名称，打开相应的纹理文档，如图 12-78 所示。

这时在【属性】面板中，设置【UV 叠加】选项组中的【颜色】选项或者【不透明度】选项，即可在纹理文档中查看效果，如图 12-79 所示。

图 12-77　【阴影】与【未照亮】选项

图 12-78　纹理文档

12.4.2　实时 3D 绘画

实时 3D 绘画是 Photoshop CC 特有的 3D 绘画方式，是通过并排窗口的方式来实现不同文档同时显示效果的绘画方式。

要想进行实时 3D 绘画方式，首先要确保 Photoshop 打开具有 3D 对象的文档。然后双击【图层】面板中 3D 对象的材质纹理名称，打开纹理文档。执行【窗口】|【排列】|【平铺】命令，同时查看不同文档中的对象，如图 12-80 所示。

图 12-79　设置【UV 叠加】选项组

这时在纹理文档中，使用【画笔工具】在其中进行绘制。同时在 3D 对象所在的文档中查看绘画对象在 3D 对象中的效果，如图 12-81 所示。

图 12-80　平铺文档窗口

图 12-81　在纹理文档中绘画

绘画完成后，保存并关闭纹理文档，3D 对象中的绘画效果保持不变，如图 12-82 所示；如果未存储并关闭纹理文档，那么 3D 对象中的绘画效果将不会显示。

12.5　合并与导出 3D 文件

所有的 3D 对象均是在 3D 图层中完成创建与编辑的，而一幅完整的作品有时还需要 2D 图像的组合。这时就需要在 3D 对象与 2D 图像之间或者 3D 对象之间进行转换与合并等操作。

图 12-82　实时 3D 绘画效果

12.5.1　合并 3D 图层

在 Photoshop 中，既可以合并多个 3D 对象，也可以合并 3D 对象和 2D 图像。而在合并过程中，不仅能够合并为 3D 图层，还能够合并为 2D 图层。

1．3D 图层之间的合并

使用合并 3D 图层功能可以合并一个场景中的多个 3D 对象。合并后，可以单独处理
每个 3D 网格，或者同时
在所有网格上使用位置
工具和相机工具。

当一个文档中存在
两个 3D 图层时，选中位
于上方的 3D 图层，在【图
层】面板关联菜单中选择
【向下合并】命令，将两

图 12-83　合并 3D 对象

个 3D 图层合并为一个 3D 图层，如图 12-83 所示。

合并 3D 对象后，如果使用 3D 模式工具进行操作，那么整个 3D 对象均会发生变化，
如图 12-84 所示。

如果同时选中两个 3D 图层，在【图层】面板关联菜单中选择【合并图像】命令，
那么得到的是 2D 图层，并且图像没有发生变化，如图 12-85 所示。

图 12-84　操作 3D 对象

图 12-85　合并 3D 图层为 2D 图层

2．3D 与 2D 图层之间的合并

当一个文档中同时存在 3D 图层和 2D 图
层时，两者之间合并，使用不同的合并命令
也会出现不同的效果。如果 2D 图层位于 3D
图层上方时，在【图层】面板关联菜单中选
择【向下合并】命令，2D 图像会以纹理映射
的方式与 3D 对象合并，如图 12-86 所示。

无论是 2D 图层位于 3D 图层上方还是下
方，在【图层】面板关联菜单中选择【合并
图像】命令，均合并为 2D 图层，并且与合并

图 12-86　以纹理映射方式与 3D 图层合并

之前效果相同，如图 12-87 所示。

12.5.2　3D 图层转换

3D 对象虽然能够制作立体的效果，但是许多Photoshop命令与功能无法在3D图层中应用。为了得到更好的图像效果，需要将 3D 图层转换为 2D 图层。

在【图层】面板中右击 3D 图层，选择【栅格化 3D】命令，即可将 3D 图层转换为普通的 2D 图层。这时可以对转换后的图层对象执行任何命令，但是无法进行有关 3D 的所有操作，如图 12-88 所示。

图 12-87　合并为 2D 图层

注　意

只有不想再编辑 3D 对象位置、渲染模式、纹理或光源时，才可将 3D 图层转换为常规图层。而栅格化的图像会保留 3D 场景的外观，但格式为平面化的 2D 格式。

要想在保留 3D 对象可编辑的同时，进行 2D 图层所有的操作，那么可以将 3D 图层转换为智能图层。方法是选中 3D 图层并右击后，在弹出的菜单中选择【转换为智能对象】命令，如图 12-89 所示。

这时，可以将变换或智能滤镜等其他调整应用于智能对象。而要想编辑 3D 对象时，则可以双击智能图层缩览图，打开智能对象图层重新编辑 3D 对象。应用于智能对象的任何变换或调整，会随之应用于更新的 3D 内容，如图 12-90 所示。

图 12-88　栅格化图层

图 12-89　3D 图层转智能图层

图 12-90　编辑 3D 对象

12.5.3　输出 3D 图层

完成 3D 文件的处理之后，可创建最终渲染以产生用于 Web、打印或动画的最高品

质输出，也就是使用光线
跟踪和更高的取样速率以
捕捉更逼真的光照和阴影
效果。

选中 3D 图层后，执
行 3D|【渲染】命令，对
3D 对象进行任何必要的
调整，包括光照和阴影效果，如图 12-91 所示。

▱ 图 12-91　渲染

技　巧

使用最终渲染模式以增强 3D 场景中的下列效果：基于光照和全局环境色的图像；对象反射产生的光照（颜色溢出）；减少柔和阴影中的杂色。

要保留 3D 对象的位置、光源、渲染模式和横截面，可以将包含 3D 图层的文件以 PSD、PSB、TIFF 或 PDF 格式存储，方法与普通图层所在的文件相同；而要单独导出 3D 图层，那么可以执行 3D|【导出 3D 图层】命令。

3D 图层能够分别导出格式为 DAE、OBJ、U3D 和 KMZ 的文件。但是在选择文件格式时，要注意以下事项：

- ❑ 纹理图层以所有 3D 文件格式存储，但是 U3D 只保留【漫射】、【环境】和【不透明度】纹理映射。
- ❑ Wavefront/OBJ 格式不存储相机设置、光源和动画。
- ❑ 只有 Collada/DAE 会存储渲染设置。

12.6　课堂练习：绘制苹果

本案例是运用 3D 功能结合其他命令共同绘制一个颜色鲜艳的苹果，如图 12-92 所示。首先使用【滤镜】里的【纤维】命令绘制苹果的纹理，而后使用 3D 菜单下的【球体】命令和【3D{光源}】面板里的命令来调整图像的形状和光线，最后再使用【滤镜】里的【液化】命令对苹果的形状进行仔细的刻画。

▱ 图 12-92　苹果效果

操作步骤：

1. 新建一个尺寸为 1411 像素 × 1181 像素，分辨率为 200 像素/英寸，颜色为 RGB 模式的文档。新建图层，并填充为"红色"。设置前景色为"黄色"，背景色为"红色"，执行【滤镜】|【渲染】|【纤维】命令并设置参数，如图 12-93 所示。

图 12-93　制作纤维效果

2. 使用【矩形选框工具】绘制选区，然后按快捷键 Ctrl+J 复制选区内容并执行【编辑】|【变换】|【水平翻转】命令。合并图层并更改名称为"纹理"图层，如图 12-94 所示。

图 12-94　复制局部纹理

3. 选中"纹理"图层，在 3D 面板中启用【从预设创建网格】选项，并选择该选项列表中的【球体】后，单击【创建】按钮，建立具有纹理的球体，如图 12-95 所示。

图 12-95　创建 3D 球体

4. 单击 3D 面板中的【滤镜：材质】按钮，在【属性】面板中依次设置 3D 对象材质选项，如图 12-96 所示。

图 12-96　设置材质

5. 单击 3D 面板中的【滤镜：光源】按钮，并单击该面板底部的【将新光照添加到场景】按钮，选择【新建无限光】选项，创建"无限光 2"，如图 12-97 所示。

图 12-97　创建无限光

6 在【属性】面板，依次选择"无限光 1"与"无限光 2"，在【属性】面板中调整相应的颜色值，如图 12-98 所示。

图 12-98 调整颜色值

7 在 3D 面板中创建"无限光 3"光源后，在【属性】面板中设置该光源的【颜色】与【强度】选项，如图 12-99 所示。

图 12-99 创建并调整"无限光 3"

提 示

在【3D{光源}】面板的下方有【创建新光源】按钮 ，它可以随意创建光源，这样就可以增加图像的明暗变化。根据自己的需要设置【属性】面板中的【颜色】选项可以调整光源的颜色。

8 右击"纹理"图层，选择【栅格化 3D】选项，然后执行【滤镜】|【液化】命令，打开【液化】对话框，选择该对话框里的【向前变形工具】 ，然后设置【工具选项栏】中的参数并涂抹图像，如图 12-100 所示。

图 12-100 栅格化 3D

技 巧

在使用【滤镜】|【液化】命令时，用户可以不断地变换画笔的大小将对象调整到理想的形状。这样创建出来的对象周边会较圆滑，提高自然度。

9 新建图层，按 Ctrl 键的同时单击"纹理"图层缩览图，产生选区并填充颜色，如图 12-101 所示。

图 12-101 填充单色

10 将该图层的【混合模式】设置为【线性光】，并添加图层蒙版。用【渐变工具】 在图层蒙版上拉出渐变，使其隐藏苹果的亮部部分，如图 12-102 所示。

图 12-102 添加图层蒙版

11 导入背景素材，并将其放置在苹果对象下方。新建图层，使用【钢笔工具】 绘制苹果的阴影部分并添加颜色，如图 12-103 所示。

图 12-103 导入背景并绘制阴影

12 在阴影所在图层添加图层蒙版，使用【渐变工具】█░在图层蒙版上拉出黑白渐变。设置图层【混合模式】为【强光】，图层总体【不透明度】为50%，如图12-104所示。

图 12-104　　设置阴影效果

13 绘制苹果阴影的效果时，要注意明暗变化。按照上述方法，绘制并调整不同层次的阴影效果，如图12-105所示。

图 12-105　　不同层次的阴影效果

14 导入"水珠"素材，复制并调整大小。将该图层的【混合模式】设置为【叠加】，设置不同的图层总体【不透明度】参数值。添加【图层蒙版】并使用【画笔工具】░░将多余区域擦除，如图12-106所示。

15 导入苹果叶素材，并调整大小、位置以及角度。新建图层，并使用"白色"的【画笔工具】░░在苹果高光区域单击，建立高光效果，如图12-107所示。

图 12-106　　导入"水珠"素材

图 12-107　　导入苹果叶素材

16 按快捷键Ctrl+Shift+Alt+E创建【盖印可见图层】，执行【图像】|【调整】|【色彩平衡】命令，并在【色彩平衡】对话框中设置【中间调】的参数，如图12-108所示。

图 12-108　　调整整体色调

本案例是通过 Photoshop CC 中强大的 3D 功能进行绘制的一个商业易拉罐酒品的广告，如图 12-109 所示。制作过程中主要呈现了 3D 对象的旋转，以及给图像添加纹理的方法和技巧。

图 12-109　酒品广告效果

操作步骤：

1　新建一个尺寸为 1126 像素×945 像素，分辨率为 200 像素/英寸，颜色为 RGB 模式的文档。新建图层后启用 3D 面板中的【从预设创建网格】选项，并选择下拉列表中的【汽水】选项，单击【创建】按钮创建 3D 对象，如图 12-110 所示。

图 12-110　创建预设 3D 对象

2　单击 3D 面板顶部的【滤镜：材质】按钮 ，在【属性】面板中单击【漫射】选项右侧文件图标，选择【替换纹理】选项。在弹出的

【打开】对话框中选择"盖子"图片，如图 12-111 所示。

图 12-111　添加盖子纹理

3　设置【漫射】与【镜像】颜色均为"黑色"后，依次设置该面板中的【闪亮】、【反射】以及【凹凸】参数值，如图 12-112 所示。

4　在【图层】面板中双击 3D 对象的标签材质纹理，打开纹理文档。将文档创建平铺排列后，将"标贴"图片导入其中，根据 3D 对象中显示的材质效果，来调整纹理文档中的

图片，如图 12-113 所示。

图 12-112　设置材质选项

图 12-113　载入标签纹理

5 关闭纹理文档后，在【属性】面板中依次设
置【漫射】、【镜像】与【环境】选项颜色，
以及【闪亮】、【反射】和【凹凸】参数值，
如图 12-114 所示。

图 12-114　设置标签纹理

6 在 3D 面板中单击顶部的【滤镜：网格】按
钮▣，即可在【属性】面板中禁用【投影】
选项，使 3D 对象不显示投影效果，如图
12-115 所示。

图 12-115　禁用【投影】选项

7 选择工具选项栏 3D 模式工具组中的【旋转
3D 对象】🔄，单击选中 3D 对象，进行 *Z*
轴 3D 对象旋转，如图 12-116 所示。

图 12-116　旋转 **3D** 对象

8 在【图层】面板中，右击 3D 图层选择【栅
格化 3D】选项，将 3D 对象转换为二维对
象，如图 12-117 所示。

图 12-117　栅格化 **3D** 对象

9 按快捷键 Ctrl+M 打开【曲线】对话框，向右下方向调整曲线，降低对象的亮度，如图 12-118 所示。

图 12-118　降低亮度

10 导入背景素材文档，将易拉罐对象放置在背景与啤酒杯图片之上，并调整大小与位置，如图 12-119 所示。

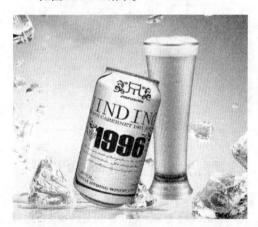

图 12-119　导入背景文档

11 按快捷键 Ctrl+J 复制易拉罐所在图层，根据啤酒杯的形状，按快捷键 Ctrl+T 进行变形。然后将该图层的【混合模式】设置为【叠加】，并设置【不透明度】为 60%，如图 12-120 所示。

图 12-120　创建易拉罐倒影

12 导入"冰块"素材，并调整其大小和位置，完成最后的效果制作，如图 12-121 所示。

图 12-121　添加"冰块"图片

12.8　思考与练习

一、填空题

1．创建 3D 对象除了可以通过执行命令外，还可以单击【_____】面板中的【创建】按钮来实现。

2．3D 对象包括场景、_____、材质和光源四个组件。

3．Photoshop 提供了三种类型的 3D 光源，分别为_____、聚光灯、无限光。

4．无论是控制 3D 对象还是相机视图，均使用_____工具组中的工具。

5．_____是 Photoshop CC 中默认的绘画方法。

二、选择题

1. _____是用来旋转 3D 对象或者相机视图的。

　　A.【旋转 3D 对象】工具

　　B.【滚动 3D 对象】工具

　　C.【拖动 3D 对象】工具

　　D.【滑动 3D 对象】工具

2. 单击【属性】面板的【_____】选项中的【移到地面】按钮，能够将 3D 对象移至 3D 地面上方。

　　A. 场景

　　B. 坐标

　　C. 材质

　　D. 光源

3. 在 3D 对象上绘画时，_____是控制表面在偏离正面视图弯曲时的油彩使用量。

　　A. 绘画衰减角度

　　B. 绘画纹理

　　C. 绘画常数

　　D. 绘画实色

4. 在 3D 图层输出时，_____只保留【漫射】、【环境】和【不透明度】纹理映射。

　　A. Wavefront/OBJ 格式

　　B. DAE 格式

　　C. OBJ 格式

　　D. U3D 格式

5. 把二维图像合并到三维对象中，可以直接按快捷键_____。

　　A. Ctrl+E

　　B. Ctrl+Alt+E

　　C. Ctrl+Shift+E

　　D. Ctrl+Alt+Shift+E

三、问答题

1. 普通 2D 图层可以转换为 3D 图层吗？

2. 简述在 Photoshop CC 中提供的 3D 独立面板的主要作用。

3. 当添加完材质以后还能进行修改添加后的材质吗？

4. 在 Photoshop CC 中 3D 图层能和 2D 图层进行合并吗？

5. 3D 的各个组件的基本属性是在什么面板中设置的？

四、上机练习

1. 制作图片在三维空间中的效果

要想在三维空间中的各方位查看普通的图片，则需要在保持图片本身的情况下，将其转换为 3D 对象。方法是选择图片所在的图层后，启用 3D 面板中的【3D 明信片】选项，单击【创建】按钮即可将其转换为 3D 对象。这时就能够使用 3D 模式工具组中的工具来进行操作，如图 12-122 所示。

图 12-122　图片在三维空间中的效果

2. 制作啤酒瓶的效果

此案例是使用【从预设创建网格】中另一个【酒瓶】命令进行绘制的，主要用到了 3D 材质设置、3D 光源设置，然后增加背景、调整细节部分，在调整图像的命令中，【混合模式】中的选项也是调整图像的重要手段。此水珠的绘制也用到了绘制水珠的方法，将绘制好的水珠的【混合模式】选项调整为【叠加】就会出现另外一种效果，如图 12-123 所示。

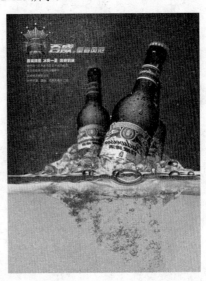

图 12-123　啤酒瓶的效果

第13章

Photoshop 滤镜与动画

　　平面作品中的效果不仅能够通过色彩调整命令、通道与蒙版来实现，还可以通过 Photoshop 中的特效来实现，如滤镜命令以及动画功能。这些特效命令，不仅能够将照片效果的图像制作成绘画效果，还能够将静止的图像制作成动画效果。

　　在本章中，主要了解 Photoshop 中的各种滤镜命令的使用方法，以及各种动画效果的制作方法。

本章学习要点：

➢ 滤镜使用方法
➢ 滤镜分类
➢ 各种动画

13.1 滤镜

滤镜命令可以自动地对一幅图像添加效果，在滤镜命令中，大致上分为三类：校正性滤镜、破坏性滤镜与效果性滤镜。虽然滤镜效果各不相同，但是使用方法与操作技巧基本相似。

13.1.1 滤镜的使用方法

当从滤镜菜单中选择一个命令，Photoshop 将相应的滤镜应用到当前图层的图像中。在接触滤镜命令之前，首先来了解滤镜的操作技巧以及注意事项。

1. 滤镜基本操作

Photoshop 本身带有许多滤镜，其功能各不相同，但是所有滤镜都有相同的特点，只有遵守这些规则，才能准确有效地使用滤镜功能。

图 13-1　滤镜应用到选区内与整个图像的对比效果

首先是 Photoshop 会针对选区范围进行滤镜处理，如果图像中没有选区，则对整个图像进行处理，并且只对当前图层或者通道起作用，如图 13-1 所示。

> **技　巧**
>
> 只对局部图像进行滤镜处理时，可以将选区范围羽化，使处理的区域与原图像自然地结合，减少突兀的感觉。

2. 滤镜库

自从 Photoshop CS 引入滤镜库命令后，对很多滤镜提供了一站式访问。这是因为在滤镜库对话框中包含六组滤镜，这样在执行滤镜命令时，特别是想对一幅图像尝试不同效果时，就不用在滤镜之间跳来跳去，而是在同一个对话框中设置不同的滤镜效果。要访问滤镜库，可以执行【滤镜】|【滤镜库】命令，打开如图 13-2 所示对话框，滤镜库对话框名称是跟随选择滤镜的名称而定的。

使用滤镜库可以非常方便、直观地为图像添加滤镜。该对话框的中间部分是用来访问滤镜本身，滤镜按照【滤镜】菜单的子命令中的位置分别放置在不同文件夹中，单击某个文件夹即可显示该滤镜组中的滤镜缩略图，再次单击缩略图即可应用该滤镜。

> **提　示**
>
> 应用滤镜后，还可以在对话框右侧重新设置该滤镜参数，从而得到不同的效果。

滤镜库最大的特别之处在于，应用滤镜的显示方式与图层相同。默认情况下，滤镜库中只有一个效果图层，单击不同的滤镜缩略图，效果图层会显示相应的滤镜命令，如

图 13-3 所示。

图 13-2 【滤镜库】对话框

　　要是想在保留滤镜效果的同时，添加其他滤镜，可以单击右下角【新建效果图层】
按钮，创建与当前相同滤镜的效果图层，然后单击应用其他滤镜即可，如图 13-4 所示。

图 13-3　效果图层　　　　　　　　　　图 13-4　新建效果图层

当建立多个效果图层后，得到的是其中和效果。但是效果图层的堆放顺序决定最终图像显示效果，改变效果图层的堆放顺序非常简单，就是单击并且拖动放置在其他效果图层的上方或者下方即可，如图 13-5 所示为不同堆放顺序得到的不同效果。

图 13-5 不同效果图层顺序得到的图像效果

3．渐隐滤镜

在执行滤镜命令之后，如果想在不改变滤镜参数的情况下，降低图像效果强度，最简单的方法就是执行【渐隐】命令。【渐隐】命令允许将应用滤镜后的图像与原始图像进行叠加。

要执行【渐隐】命令，必须在执行某个滤镜命令之后，并且【渐隐】命令显示为渐隐该滤镜名称。例如在执行了【滤镜】|【扭曲】|【水波】命令之后，图像变为如图 13-6 所示的效果。

图 13-6 执行【水波】滤镜

紧接着执行【编辑】|【渐隐水波】命令，如图 13-7 所示，其中包括【不透明度】与【模式】选项。在设置了【不透明度】选项为 50% 后，图像发生变化。

如果是在【渐隐】对话框中设置了【模式】为【线性加深】，那么图像效果会呈现不同的效果，如图 13-8 所示。

4．智能滤镜

图 13-7 【渐隐】对话框

虽然滤镜库中的效果图层可以为同一个图像添加两个以上的滤镜效果，但是只限于在滤镜库对话框中。一旦关闭滤镜库对话框，所作用的图像将无法再次查看混合滤镜中的单个效果。

在执行滤镜命令之前，首先执行【滤镜】|【转换为智能滤镜】命令，当前图层缩览图中出现智能对象图标，背景图层转换为智能图层，如图 13-9 所示。

图 13-9　转换为智能滤镜

滤镜中的【转换为智能滤镜】命令与图层中的【转换为智能对象】命令，同样是将普通图层转换为智能图层，并且可以在同一个智能图层中同时进行【滤镜】与【变换】命令。

接着执行【滤镜】|【扭曲】|【波纹】命令，完成设置后，智能图层出现滤镜效果图层，如图 13-10 所示。

继续执行【滤镜】|【滤镜库】|【纹理】|【染色玻璃】命令，发现滤镜效果图层中出现相对应的滤镜效果名称，如图 13-11 所示。

图 13-10　添加滤镜

图 13-11　再次添加滤镜效果

这时发现滤镜效果名称左侧带有眼睛图标，隐藏其中一个眼睛图标，相应的滤镜效果被隐藏，而最终滤镜效果发生变化，如图 13-12 所示。

智能滤镜与图层样式相同，同样可以双击滤镜效果命令，再次设置滤镜参数，替换原来的效果，如图 13-13 所示。

图 13-12　隐藏滤镜效果

图 13-13　更改滤镜效果

因为使用多个滤镜命令，得到的是其混合效果。所以智能滤镜效果既可以隐藏，也可以调换之间的顺序，来更改混合效果，如图 13-14 所示。

以上都是在智能滤镜图层中操作的结果，在创建滤镜效果图层后，还添加了滤镜效果蒙版。单击滤镜效果蒙版缩览图使其进入工作状态，即可像图层蒙版一样进行操作，来控制滤镜的作用范围，如图 13-15 所示。

图 13-14　调换顺序

图 13-15　滤镜效果蒙版

第 13 章　Photoshop 滤镜与动画

提　示

滤镜效果蒙版只作用于整个滤镜效果，而每个滤镜效果图层不能单独添加蒙版。并且智能滤镜不能应用于单个通道，即使选中单个通道后执行【转换为智能滤镜】命令，也会返回复合通道。

13.1.2　校正性滤镜

校正性滤镜是用于修正扫描所得的图像，以及为打印输出图像的日常工具。而除了传统的滤镜效果外，Photoshop 滤镜还包括专门针对摄影照片修饰的模糊滤镜以及相机防抖功能的【防抖】滤镜。

1．传统滤镜

在传统滤镜中，多数情况下它的效果非常细微，如模糊滤镜组、锐化滤镜组以及杂色滤镜组，如图 13-16 所示。

2．模糊画廊

除了传统的模糊滤镜外，Photoshop 滤镜还包括专门针对摄影照片修饰的模糊滤镜——模糊画廊。模糊画廊为图片添加场景模糊、光圈模糊或倾斜偏移效果。每个模糊工具都提供直观的叠加控件来应用和控制模糊效果。模糊调整完成后，使用散景控件设置整体模糊效果的样式。Photoshop 可在使用模糊画廊时提供全尺寸的实时预览。

使用【场景模糊】滤镜，通过定义具有不同模糊量的多个模糊点来创建渐变的模糊效果。将多个图钉添加到图像，并指定每个图钉的模糊量。默认情况下，当执行【滤镜】|【模糊】|【场景模糊】命令后，除了弹出【模糊工具】面板外，在画布中还会显示场景模糊图钉，如图 13-17 所示。

动感模糊　　　　　　高斯模糊　　　　　　径向模糊

USM锐化　　　　　　锐化边缘　　　　　　智能锐化

添加杂色　　　　　　中间值　　　　　　蒙尘与划痕

图 13-16　校正性滤镜效果

在画布中拖动模糊句柄以增加或减少模糊，或者直接在【模糊工具】面板中设置【模糊】参数值，如图 13-18 所示。

在图片其他区域单击，即可添加场景模糊图钉，这时可以该图钉为中心设置模糊程度，如图 13-19 所示。

图 13-17　场景模糊图钉

提 示

最终结果是合并图像上所有模糊图钉的效果。甚至可以在图像外部添加图钉，以对边角应用模糊效果。

大光圈镜头所造成的散景，因为容易突出主题，因此在拍摄人像时常被拿来运用，但大光圈镜头的价格较贵，变焦镜头恒定大光圈的镜头更是贵，现在 Photoshop 使用【滤镜】|【模糊】|【光圈模糊】命令，可以更轻松地做出大光圈散景效果，如图 13-20 所示。

图 13-18　设置模糊程度

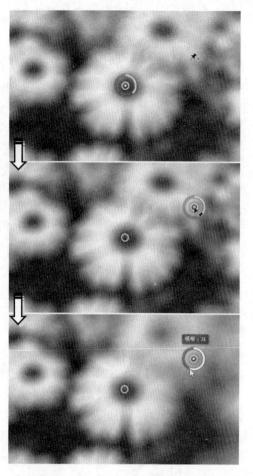

图 13-19　添加多个场景模糊图钉

　　光圈模糊是通过拖动句柄来重新定义各个区域的范围；而光圈模糊程度则是通过【模糊工具】面板中的【模糊】参数值来设置的，如图 13-21 所示。

图 13-20　光圈模糊

图 13-21　调整光圈模糊

使用【移轴模糊】效果模拟使用倾斜偏移镜头拍摄的图像。此特殊的模糊效果会定义锐化区域,然后在边缘处逐渐变得模糊。【移轴模糊】效果可用于模拟微型对象的照片。执行【滤镜】|【模糊】|【移轴模糊】命令,在图片上方显示移轴模糊图钉,如图 13-22 所示。

图 13-22　移轴模糊

与【光圈模糊】相同的是拖动模糊句柄以增加或减少模糊范围,而光圈模糊程度则是通过【模糊工具】面板中的【模糊】参数值来设置的。而【移轴模糊】还可以通过拖动句柄并旋转图钉,来改变模糊范围,如图 13-23 所示。

在【模糊工具】面板中,不仅能够设置【倾斜偏移】选项中的模糊程度,还能够设置模糊的扭曲度。【扭曲度】参数值范围为-100%~100%,而当启用【对称扭曲】选项后,则能够同时设置渐隐区域与模糊区域中对象的扭曲效果,如图 13-24 所示。

无论是添加场景模糊、光圈模糊还是移轴模糊,均会显示【模糊效果】面板。在该面板中能够设置【光源散景】、【散景颜色】以及【光照范围】选项,可以通过控制焦点以外部分或模糊部分的外观来增强整体图片效果,指定散景参数以确保获得令人满意的整体效果,如图 13-25 所示。

图 13-23　旋转移轴模糊图钉

图 13-24　模糊扭曲度

图 13-25　设置模糊效果

- ❑ **光源散景** 调亮图片中的焦点以外区域或模糊区域。
- ❑ **散景颜色** 将更鲜亮的颜色添加到尚未到白色的加亮区域。
- ❑ **光照范围** 确定设置影响的色调范围。

提 示

在设置【场景模糊】、【光圈模糊】或者【移轴模糊】滤镜时，Photoshop 工作环境直接切换成模糊滤镜模式。当设置选项完成后，单击工具选项栏中的【确定】按钮 确定 ，完成模糊设置；或者单击【取消】按钮 取消 ，返回原效果状态。

3．相机防抖功能

滤镜效果中的【防抖】命令能够挽救因为相机抖动而拍摄失败的照片。无论模糊是由于慢速快门或长焦距造成的，相机防抖功能都能通过分析曲线来恢复其清晰度。

Photoshop 具有一种智能化机制，可自动减少由相机运动产生的图像模糊。在必要时，可以调整高级设置以进一步锐化图像。执行【滤镜】|【锐化】|【防抖】命令，打开【防抖】对话框，如图 13-26 所示。

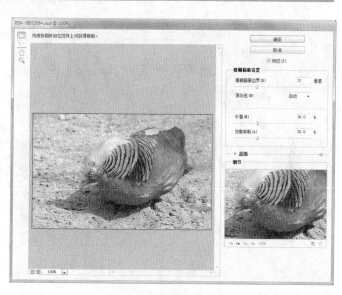

图 13-26 【防抖】对话框

通过【防抖】滤镜可以减少由某些相机运动类型产生的模糊，包括线性运动、弧形运动、旋转运动和 Z 字形运动。在该对话框中可以使用默认值，也可以根据效果再次调整选项参数，从而得到更清晰的效果，如图 13-27 所示。

13.1.3 破坏性滤镜

破坏性滤镜能产生很多意想不到的效果，而这些是普通 Photoshop 工具与校正性滤镜很难做到的。但是如果使用不当就会完全改变图像，使滤镜效果变得比图像本身更加显眼。由于破坏性滤镜让普通效果经过简单的变化转换为一种特殊效果，所以 Photoshop 中所提供的该滤镜数量几乎是校正性滤镜的两倍，如扭曲滤镜组、风格化滤镜组等，如图 13-28 所示。

图 13-27 防抖效果

波浪 玻璃 旋转扭曲

极坐标 球面化 切变

风 浮雕效果 照亮边缘

图 13-28 破坏性滤镜组效果

13.1.4 效果性滤镜

　　Photoshop 还提供了效果滤镜，该滤镜是破坏性滤镜的其中一种表现。效果性滤镜包括素描滤镜组、纹理滤镜组与艺术效果滤镜组等。这些滤镜命令可以明显地制作出想要的图像效果，如图 13-29 所示。

13.1.5 Adobe Camera Raw 滤镜

　　对于数字摄影师们来说，处理 RAW 文件实在是一个令人头疼的问题，因为这种文件处理起来通常要耗费很长的时间，而且不同数码相机所生成的 RAW 文件也千差万别。不过现在 Adobe 公司的 Photoshop CC 添加了 Camera Raw 滤镜，能够为用户缓解一下这方面的痛苦。有了它，用户就能够在熟悉的 Photoshop 界面内打开并编辑这些 RAW 文件了。

　　Camera Raw 软件是作为一个增效工具随 Adobe After Effects 和 Adobe Photoshop 一起提供的，并且还为 Adobe Bridge 增添了功能。Camera Raw 为其中的每个应用程序提供了导入和处理相机原始数据文件的功能。也可以使用 Camera Raw 来处理 JPEG 和 TIFF 文件。

粉笔和炭笔　　　　　绘图笔　　　　　　水彩画纸

纹理化　　　　　　　拼缀图　　　　　　染色玻璃

水彩　　　　　　　　粗糙蜡笔　　　　　霓虹灯光

图 13-29　效果性滤镜组效果

当 Photoshop 打开照片图片后，执行【滤镜】|【Camera Raw 滤镜】命令，即可打开 Camera Raw 对话框，如图 13-30 所示。

图 13-30　Camera Raw 对话框

在该对话框中，不仅包括不同的查看工具与调整工具，还包括不同的调整选项卡，从而调整照片的各种效果。如表 13-1 所示分别为不同工具与调整选项卡名称及其相关作用。

表 13-1　Camera Raw 对话框中的不同工具与调整选项卡名称的相关作用

字母	名　称	作　用
A	缩放工具	单击预览图像时，将预览缩放设置为下一较高预设值。按住 Alt 键并单击可使用下一较低缩放值。在预览图像中拖移缩放工具可以放大所选区域。要恢复到100%，单击两次缩放工具
B	手抓工具	将预览图像的缩放级别设置为大于 100% 时，用于在预览窗口中移动图像。在使用其他工具的同时，按住空格键可暂时激活抓手工具。单击两次抓手工具可将预览图像适合窗口大小
C	白平衡工具	使用该工具单击预览图像的不同区域，可以调整图像的颜色平衡效果
D	颜色取样器工具	使用该工具单击预览图像的不同区域，能够记录相应区域的颜色值
E	目标调整工具	该工具分别包括【参数曲线】、【色相】、【饱和度】、【明亮度】与【灰度混合】子选项，选择不同的子选项在预览图像中单击并拖动，可以调整相应的效果
F	污点去除工具	使用该工具单击预览图像的某个区域，能够去除该区域中的图像，并被目标区域覆盖融合
G	红眼去除	使用该工具能够去除图像中眼睛中的红色像素
H	调整画笔	使用该工具单击并拖动预览图像，可以调整局部区域中的各个调整选项
I	渐变滤镜	使用该工具单击并拖动预览图像，能够将相同类型的调整渐变地应用于某个区域的照片，同时可以随意调整区域的宽窄
J	径向滤镜	使用该工具单击并拖动预览图像，能够突出展示想要引起观众注意的图像的特定部分
K	调整选项卡	选择对话框中右侧的不同调整选项卡，打开相应的调整选项，从而设置相关的选项
L	直方图	在预览图像中的指针下面显示像素的红色、绿色和蓝色值
M	缩放级别	从菜单中选择一个放大设置，或单击【选择缩放级别】按钮

1. 调整选项卡

在 Camera Raw 对话框中的右侧，有一组调整选项卡。其中包括【基本】选项卡、【色调曲线】选项卡、【细节】选项卡、【HSL/灰度】选项卡、【分离色调】选项卡、【镜头校正】选项卡、【效果】选项卡、【相机校准】选项卡和【预设】选项卡。这些选项卡中选项的作用如下。

❑ **基本**　调整白平衡、颜色饱和度以及色调，如图 13-31 所示。在默认情况下，Camera Raw 对话框右侧显示的为该选项卡。

❑ **色调曲线**　使用【参数】曲线和【点】曲线对色调进行微调。如图 13-32 所示为调整【参数】曲线得到的效果。

图 13-31　调整色温

图 13-32　调整曲线

❑ **细节**　对图像进行锐化处理或减少杂色，如图 13-33 所示。

图 13-33　减少杂色

❑ **HSL/灰度**　使用【色相】、【饱和度】和【明亮度】对颜色进行微调，如图 13-34
所示。

📀 **图 13-34**　转换为灰度图

❑ **分离色调**　为单色图像添加颜色，或者为彩色图像创建特殊效果，如图 13-35
所示。

📀 **图 13-35**　创建特殊效果

❑ **镜头校正**　补偿相机镜头造成的色差、几何扭曲和晕影，如图 13-36 所示。

图 13-36 镜头校正

❏ **效果** 模拟胶片颗粒或应用裁切后晕影，如图 13-37 所示。

图 13-37 添加颗粒

❏ **相机校准** 将相机配置文件应用于原始图像，用于校正色调和调整非中性色，以补偿相机图像传感器的行为，如图 13-38 所示。

❏ **预设** 将多组图像调整存储为预设并进行应用。

图 13-38 校正色调

2. 白平衡工具

要调整白平衡，确定图像中具有中性色（白色或灰色）的对象，然后调整颜色以使这些对象变为中性色。场景中的白色或灰色对象具有拍摄图片时所使用的周围光线或闪光灯的色调。方法是在 Camera Raw 对话框左上区域单击【白平衡工具】，在预览图像中单击，即可自动针对场景光照进行调整，如图13-39 所示。

3. 目标调整工具

【目标调整工具】包括 5 个选项，分别为【参数曲线】、【色相】、【饱和度】、【明亮度】与【灰度混合】，选择不同的选项在预览图像中单击并拖动，可以调整相应的效果。而在默认情况下，该工具调整的是【参数曲线】选项。

图 13-39 调整白平衡

当在预览图像中单击并向上拖动，提高图像亮度并降低其对比度；反之向下拖动，则提高其对比度，如图 13-40 所示。

选择【目标调整工具】的【色相】选项，在预览图像中单击并拖动，能够改变图像的色相，如图 13-41 所示。

选择【目标调整工具】的【饱和度】选项，在预览图像中单击并向不同方向拖动，能够改变图像的饱和度，如图 13-42 所示。

图 13-40 调整【参数曲线】选项　　　图 13-41 调整【色相】

　　选择【目标调整工具】🔲的【明亮度】选项，在预览图像中单击并向不同方向拖动，能够改变图像高光区域的明亮度，如图 13-43 所示。

图 13-42 调整【饱和度】　　　　　图 13-43 调整【明亮度】

　　当选择【目标调整工具】🔲的【灰度混合】子选项后，预览图像中的彩色图像转换为灰度图像。在预览图像中单击并向不同方向拖动，能够改变灰度图像的对比度，如图 13-44 所示。

4. 调整画笔

它是 Camera Raw 对话框中图像调整选项卡中的控件，影响整张照片的颜色和色调。要调整照片的特定区域，可以使用 Camera Raw 对话框中的【调整画笔】工具 ✎。使用【调整画笔】工具 ✎ 可有选择地应用【曝光】、【高光】、【清晰度】和其他调整，具体方法是将这些调整"绘制"到照片上。其过程为首先选择【调整画笔】工具 ✎，在预览图像中单击并拖动不同区域，建立调整区域，而这些区域被提亮，如图 13-45 所示。

图 13-44 调整灰度图像的对比度

图 13-45 建立调整区域

当选择【调整画笔】工具 ✎ 后，Camera Raw 对话框右侧将显示【调整画笔】选项组。设置其中的选项参数值后发现，只有建立调整区域的部分发生变化，如图 13-46 所示。

图 13-46 设置【调整画笔】选项

5. 渐变滤镜

【渐变滤镜】工具 🔲 同样是用来调整照片的特定区域的，使用【渐变滤镜】工具 🔲 可将相同类型的调整渐变地应用于某个区域的照片，并且可以随意调整区域的宽窄。

选择【渐变滤镜】工具 🔲，在预览图像中单击并拖动，即可得到需要调整的区域，如图 13-47 所示。

图 13-47　建立调整区域

这时在对话框右侧显示的【渐变滤镜】选项组中，分别设置【色温】、【色调】、【曝光】、【对比度】等各种选项，从而得到渐变效果的色调改变，如图 13-48 所示。

图 13-48　设置【渐变滤镜】选项

在设置【渐变滤镜】选项后，还可以继续调整渐变滤镜。只要将鼠标指向渐变滤镜图标上，根据提示即可缩放渐变滤镜的宽度以及旋转渐变滤镜图标，如图 13-49 所示。

6. 径向滤镜

要完全控制观众关注照片的哪些部分，需要突出图像中的主体。一些可以创造渐晕效果的滤镜能够达到这个目的。然而，这样的滤镜需要主体位于照片的中心。

Adobe Camera Raw 8.0 的径向滤镜能够突出展示想要引起观众注意的图像的特定部分。具体方法是执行【滤镜】|【Camera Raw 滤镜】命令，在弹出的 Camera Raw 对话框中单击【径向滤镜】工具 ⓞ，在预览图像中单击并拖动创建圆形区域，如图 13-50 所示。

图 13-49　改变调整区域

图 13-50　建立径向滤镜

在 Camera Raw 对话框右侧的【径向滤镜】选项组中，分别设置【色温】、【色调】、【曝光】、【对比度】等各种选项，即可发现径向滤镜区域内的图像发现变化，如图 13-51 所示。

图 13-51　设置【径向滤镜】选项

建立好的径向滤镜还可以在预览图像中缩放与变形,只要将光标指向径向滤镜区域,然后单击并拖动即可,如图 13-52 所示。

在【径向滤镜】选项组最下方还包括【效果】选项,启用【内部】选项,改变的是径向滤镜区域内部的图像;反之启用【外部】选项,则控制的是径向滤镜区域外部的图像,如图 13-53 所示。

图 13-52　放大径向滤镜区域　　　　图 13-53　启用【外部】选项

13.2　动画

GIF 动画图片是一种图片形式的动画效果。自 Photoshop CS2 开始,出现了【动画】面板,使用该面板可以制作逐帧动画和过渡动画,而从 Photoshop CS3 开始还可以导入并且制作视频动画。

13.2.1　认识【动画】面板

在 Photoshop 中的所有动画均是在【动画】面板中完成的,所以创建动画之前,首先要了解【动画】面板。从 Photoshop CS3 开始,【动画】面板就包括两种模式,分别为帧模式与时间轴模式。

1．帧模式面板

帧模式面板编辑模式是最直接也是最容易让人理解动画原理的一种编辑模式,它是通过复制帧来创建出一幅幅图像,然后通过调整图层内容,来设置每一幅图像的画面,将这些画面连续播放就形成了动画。

执行【窗口】|【时间轴】命令,打开【时间轴】面板,如图 13-54 所示。单击【创建帧动画】按钮,该按钮包括两个选项,一个是【创建视频时间轴】选项,一个是【创建帧动画】选项。

选择【创建帧动画】选项,即可切换到帧动画模式下。在该模式中可以显示出动画内每帧的缩览图,如图 13-55 所示。使用面板底部的工具可浏览各个帧、设置循环选项,以及添加、删除帧或是预览动画。

帧模式面板中的选项及功能如表 13-2 所示。

图 13-54 【时间轴】面板

图 13-55 帧模式面板

表 13-2 帧模式面板中的选项名称及功能

选 项	图 标	功 能
选择循环选项	无	单击该选项的三角打开下拉菜单，可以选择【一次】循环或者【永远】循环，或者选择其他选项打开【设置循环计数】对话框，设置动画的循环次数
选择第一帧	◄◄	要想返回面板中的第一帧时，可以直接单击该按钮
选择上一帧	◄	单击该按钮选择当前帧的上一帧
播放动画	►	在面板中，该按钮的初始状态为播放按钮。单击该按钮后按钮显示为停止，再次单击后返回播放状态
停止动画	■	
选择下一帧	►►	单击该按钮选择当前帧的下一帧
过渡	◥	单击该按钮打开【过渡】对话框，该对话框可以创建过渡动画
复制所选帧	▢	单击该按钮可以复制选中的帧，也就是说通过复制帧创建新帧
删除选中的帧	🗑	单击该按钮可以删除选中的帧。当面板中只有一帧时，其下方的【删除选中的帧】按钮不可用
选择帧延迟时间	无	单击帧缩览图下方的【选择帧延迟时间】弹出列表，选择该帧的延迟时间，或者选择【其他】选项打开【设置帧延迟】对话框，设置具体的延迟时间
转换为时间轴动画	▦	单击该按钮面板会切换到时间轴模式（仅限 Photoshop Extended）

2. 视频模式面板

时间轴动画效果是类似于帧动画中的过渡效果，但是制作方法更加简单。当选择【创建视频时间轴】选项，或者在【时间轴】面板左下角区域单击【转换为时间轴动画】按钮 ▦，即可转到时间轴编辑模式。

在时间轴中可以看到类似【图层】面板中的图层名字，其高低位置也与【图层】面板相同，其中每一个图层为一个轨道。单击图层左侧的箭头标志展开该图层所有的动画项目。不同类别的图层，其动画项目也有所不同。例如，文字图层与矢量形状图层，它们共有的是针对【位置】、【不透明度】和【样式】的动画设置项目，不同的是文字图层多了一个【文字变形】项目，而矢量形状层多了两个与蒙版有关的项目，如图 13-56 所示。

在该模式中，面板中的选项名称及功能如下。

❑ **缓存帧指示器** 显示一个绿条以指示进行缓存以便回放的帧。

❑ **转换为帧动画** 用于时间轴动画转换为帧动画。

❑ **当前时间指示器** 拖动当前时间指示器可导航帧或更改当前时间或帧。

转到上一
个关键帧

转到下一
个关键帧

添加 / 删
除关键帧

当前时间

时间标尺

未选中的关键帧

选中的关键帧

图 13-56 视频模式面板

- **关键帧导航器** 轨道标签左侧的箭头按钮将当前时间指示器从当前位置移动到上一个或下一个关键帧。单击中间的按钮可添加或删除当前时间的关键帧。
- **图层持续时间条** 指定图层在视频或动画中的时间位置。要将图层移动到其他时间位置，可以拖动此条。要裁切图层（调整图层的持续时间），可以拖动此条的任一端。
- **已改变的视频轨道** 对于视频图层，为已改变的每个帧显示一个关键帧图标。要跳转到已改变的帧，可以使用轨道标签左侧的关键帧导航器。
- **时间标尺** 根据文档的持续时间和帧速率，水平测量持续时间（或帧计数）。（从【面板】菜单中选择【文档设置】命令可更改持续时间或帧速率。）刻度线和数字沿标尺出现，并且其间距随时间轴的缩放设置的变化而变化。
- **时间-变化秒表** 启用或停用图层属性的关键帧设置。选择此选项可插入关键帧并启用图层属性的关键帧设置。取消选择可移去所有关键帧并停用图层属性的关键帧设置。
- **动画面板选项** 打开【动画】面板菜单，其中包含影响关键帧、图层、面板外观、洋葱皮和文档设置的各种功能。
- **启用音频播放** 当导入视频文件并且将其放置在视频图层时，播放动画图像的同时播放音频。

时间码是【当前时间指示器】指示的当前时间，从右端起分别是毫秒、秒、分钟、小时。时间码后面显示的数值（30.00fps）是帧速率，表示每秒所包含的帧数。在该位置单击并拖动鼠标，可移动【当前时间指示器】的位置。

拖动位于顶部轨道任一端的灰色标签（工作区域开始和工作区域结束），可标记要预览、导出的动画或视频的特定部分，如图 13-57 所示。

向右拖动

图 13-57 设置工作区域开始位置

关键帧是控制图层位置、不透明度或样式等内容发生变化的控件。当需要添加关键帧时，首先激活对应项目前的【时间-变化秒表】。然后移动【当前时间指示器】到需要添加关键帧的位置，编辑相应的图像内容，此时激活的【时间-变化秒表】所在轨道与【当前时间指示器】交叉处会自动添加关键帧，将对图层内容所作的修改记录下来，如图 13-58 所示。

图 13-58　创建关键帧

13.2.2　逐帧动画

逐帧动画就是一帧一个画面，将多个帧连续播放就可以形成动画。在 Photoshop 中制作逐帧动画非常简单，只需要在【时间轴】面板中不断地新建动画帧，然后配合【图层】面板，对每一帧画面的内容进行更改即可。

例如，当【图层】面板中存在多个图层时，只保留一个图层的可见性，打开【时间轴】面板，如图 13-59 所示。

提示

在使用【时间轴】面板创建动画之前，首先要设置帧延迟时间，这样才能够正确地显示动画播放时间。

图 13-59　显示一个图层

单击【时间轴】面板底部的【复制所选帧】按钮，创建第 2 个动画帧。隐藏【图层】面板中的"图层 3"，并且显示"图层 2"，完成第 2 个动画帧的内容编辑，如图 13-60 所示。

按照上述方法，创建第 3 个动画帧和第 4 个动画帧，并且进行编辑，完成逐帧动画的创建。这时单击面板底部的【播放动画】按钮，预览逐帧动画，如图 13-61 所示。

13.2.3　关键帧动画

图 13-60　创建第二个动画帧

【时间轴】面板中所有的动画，特别是过渡动画，在视频模式面板均能够创建。并且在后者面板创建过程中，随时能够更改效果。而且还能够完成前者面板所不能实现的动画效果——蒙版效果动画。所以，这里直接介绍使用关键帧创建的过渡动画。

1. 普通图层时间轴动画

普通图层的时间轴动画主要是针对位置、不透明度与样式效果，既可以单独创建，也可以同时创建。例如，位置时间轴动画的创建。当画布中存在图像时，切换到视频模式中。确定【当前时间指示器】位置后，单击【位置】属性的【时间-变化秒表】，创建第 1 个关键帧，调整该关键帧中对象的属性，如图 13-62 所示。

图 13-61　预览逐帧动画

图 13-62　创建第 1 个关键帧

向右拖动【当前时间指示器】，确定第 2 个关键帧位置，单击【添加/删除关键帧】图标，创建第 2 个关键帧，并且移动对象位置，如图 13-63 所示。

这时位置效果的时间轴动画创建完成，单击面板右上角按钮后，选择【启用洋葱皮】选项，移动【当前时间指示器】，发现不同时间效果不同，如图 13-64 所示。

2. 文本图层时间轴动画

文本变形动画在过渡动画中是启用【效果】选项创建而成的，而在视频模式面板中，则是在文本图层中创建的，并且其创建方法与普通图层中的时间轴动画方法相同。

图 13-63　创建第 2 个关键帧

图 13-64　洋葱皮效果

例如，输入文本，并且在文本变形属性中的不同位置创建两个关键帧，然后分别在不同的关键帧位置，对文本进行变形，如图 13-65 所示。

单击面板的【播放】按钮▶，即可查看文字变形动画。其中，单击面板右上角按钮后，选择【启用洋葱皮】选项，能够得到过渡展示效果，如图 13-66 所示。

图 13-65　创建关键帧并设置文本变形

图 13-66　文本变形动画效果

注　意

当洋葱皮效果不明显时，可以选择面板的关联菜单，选择【洋葱皮设置】命令。设置对话框中的【洋葱皮计数】与【帧间距】选项即可改变洋葱皮效果。

3．蒙版图层时间轴动画

蒙版图层的时间轴动画效果中，除了普通图层中的位置、不透明度与样式外，还包括图层蒙版启用与图层蒙版位置两个属性。前者是在文档中的启用与禁用效果，而后者是针对蒙版图形在画布中的位置属性。

❑ **蒙版启用动画**

蒙版图层中的图层蒙版启用属性，是针对时间轴动画中蒙版的启用与禁用效果。其动画效果不是过渡效果，而是瞬间效果，所以其关键帧图标也会有所不同。

方法是在图层蒙版启用属性中创建两个关键帧，并且选中第 2 个关键帧。在【蒙版】面板中单击【停用/启用蒙版】按钮👁，完成动画制作。这时单击面板的【播放】按钮，发现当【当前时间指示器】经过第 2 个关键帧时，整个画面瞬间显示为图像，如图 13-67 所示。

图 13-67　创建图层蒙版启用动画

❑ 蒙版位置动画

图层蒙版位置动画主要是利用蒙版图像的移动来创建的，为了不影响图层图像，必须禁用【指示图层蒙版链接到图层】图标⑧。

当一个普通图层中创建图层蒙版后，单击图层蒙版位置的【时间-变化秒表】⑤，创建第 1 个关键帧，如图 13-68 所示。

然后确定【当前时间指示器】位置后，单击【添加/删除关键帧】图标◇，创建第 2 个关键帧。单击【图层】面板中的【指示图层蒙版链接到图层】图标⑧，禁用链接功能，移动蒙版中的图形，如图 13-69 所示。

图 13-68　创建第 1 个关键帧　　　　图 13-69　创建第 2 个关键帧

单击面板的【播放】按钮▶，即可查看文字变形动画。其中，单击面板右上角按钮
▤后，选择【启用洋葱皮】选项，能够得到过渡展示效果，如图 13-70 所示。

图 13-70　动画过程

提 示

蒙版动画不仅能够创建图层蒙版动画，还针对矢量蒙版创建动画。当【图层】面板中创建矢量蒙版后，面板中将显示为【矢量蒙版位置】与【矢量蒙版启用】属性。

4．3D 时间轴动画

由于 3D 功能的加入，时间轴动画中同时添加了 3D 动画，并且能够根据 3D 对象不同的功能与属性设置，创建不同的 3D 动画效果。3D 移动动画包括 3D 对象位置移动和相机移动过渡动画，在【3D 场景位置】和【3D 相机位置】属性中，即可创建 3D 动画。

在【时间轴】面板的 3D 场景位置中添加关键帧，首先确定【当前时间指示器】位置后，单击【3D 场景位置】属性的【时间-变化秒表】⑤，创建第 1 个关键帧，调整该关键帧中对象的位置，如图 13-71 所示。

向右拖动【当前时间指示器】，确定第 2 个关键帧位置，单击【添加/删除关键帧】

图标 ◈ ，创建第 2 个关键帧。使用 3D 模式工具组中的【旋转 3D 对象】 🖑 ，调整 3D 对象的位置，如图 13-72 所示。

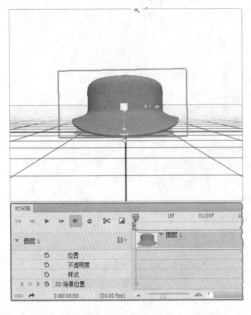

图 13-71　第 1 个关键帧　　　　图 13-72　第 2 个关键帧

这时 3D 场景位置效果的时间轴动画创建完成，选择面板关联菜单中的【启用洋葱皮】选项后，移动【当前时间指示器】，发现不同时间效果不同，如图 13-73 所示。

图 13-73　启用洋葱皮效果

提 示

【时间轴】面板中的【3D 光源】、【3D 材质】以及【3D 网格】属性的动画，与【3D 场景位置】属性动画的创建方法相似。

13.3　网络输出

Photoshop 中的图像除了可以用于印刷外，还可以用于网络输出，也就是将图像发布于网上。这时在制作过程中就需要注意与印刷图像相同的问题，例如，文件格式一般采用 JPEG、GIF 或者 PNG 格式；颜色模式一般使用 RGB 模式即可；网络图像的分辨率采用屏幕分辨率——72dpi，或者可以更低一些。

13.3.1　制作切片

如果用于网络输出的图片太大，可在图片
中添加切片，将一张大图划分为若干张小图，
以使打开网页时，大图会分块逐步显示，缩短
等待图片显示的时间。使用【切片工具】 ✂ 在
图像中绘制，可以添加切片。

打开图像，使用【切片工具】 ✂ 在图像
中单击并拖动鼠标以创建切片，也可以在工具
选项栏的【样式】下拉列表框中选择【固定长
宽比】或【固定大小】选项，并在【宽度】和

图 13-74　创建切片

【高度】参数栏中输入参数，来创建切片，如图 13-74 所示。

创建切片完成后，可以通过【切片选择工具】 ✂ 单击或拖动切片，调整切片的大小
和位置。

13.3.2　优化图像

由于考虑到网速等原因，上传的图片不能太大，这时就需要对 Photoshop 创建出的
图像进行优化，通过限制图像颜色等方法来压缩图像的大小。

执行【文件】|【存储为 Web 所用格式】命令（快捷键 Alt+Shift+Ctrl+S），如图 13-75
所示，使用该对话框可以实现优化和预览图稿。

图 13-75　【存储为 Web 所用格式】对话框

在该对话框中，位于左侧的是预览图像窗口，在该窗口中包含 4 个选项卡，它们的功能如表 13-3 所示；而位于右侧的是用于设置切片图像仿色的选项。

表 13-3　4 个选项卡的功能

名　　称	功　　能
【原稿】	单击该选项卡，可以显示没有优化的图像
【优化】	单击该选项卡，可以显示应用了当前优化设置的图像
【双联】	单击该选项卡，可以并排显示原稿和优化过的图像
【四联】	单击该选项卡，可以并排显示 4 个图像，左上方为原稿，单击其他任意一个图像，可为其设置一种优化方案，以同时对比相互之间的差异，并选择最佳的方案

通常，如果图像包含的颜色多于显示器能显示的颜色，那么，浏览器将会通过混合它能显示的颜色，来对它不能显示的颜色进行仿色或靠近。用户可以从【预设】下拉列表中选择仿色选项，在该下拉列表中包含 12 个预设的仿色格式，其中选择的参数值越高，优化后的图像质量就越高，能显示的颜色就越接近图像的原有颜色。

最后，单击【存储】按钮，在弹出的【将优化结果存储为】对话框中设置保存类型，单击【保存】按钮即可将图像保存，如图 13-76 所示。

图 13-76　保存图像

13.3.3　输出视频

在 Photoshop 中制作的任何动画，要想脱离软件查看动画效果，则需要将其导出为其他格式的文件。

1．导出视频文件

在 Photoshop 中，可以将设计制作的动画文件输出为 QuickTime 影片格式文件，以便于其作为视频文件在其他设备上播放，便于更多的人浏览。选择要生成的动画文件，执行【文件】|【导出】|【渲染视频】命令，弹出【渲染视频】对话框，如图 13-77 所示。

其中，对话框中的各个选项如下。

❏ **名称**　该选项用来设置文件名称。

❏ **选择文件夹**　单击该按钮，可以选择文件存储位置。

❏ **Adobe Media Encoder**　选择该选项可以将动画以视频形式导出。

❏ **Photoshop 图像序列**　选择该选项可以将动画以图像序列形式导出。

❏ **格式**　选择导出图像的文件格式。

❏ **预设**　选择该选项列表中的选项，能够确定视频的格式。

❏ **大小**　该选项用来设置导出文件的尺寸。

❏ **帧速率**　该选项用来决定渲染的视频每秒播放的帧数。

❏ **场顺序**　该选项是用来选择视频播放方式的。

❏ **长宽比**　指定长宽比为 4:3 或 16:9。

图 13-77　【渲染视频】对话框

- ❑ 范围　该选项可以设置导出动画的范围。其中,【所有帧】用于渲染 Photoshop 文档中的所有帧。【开始帧】和【结束帧】用于指定要渲染的帧序列。【工作区域】用于渲染【时间轴】面板中的工作区域栏选定的帧。

- ❑ 渲染选项　该选项组中的 Alpha 通道用来指定 Alpha 通道的渲染方式;3D 品质用来控制项目中包含 3D 对象时渲染表面的方式。交互式渲染适合于视频游戏和类似用途。【光线跟踪草图】的画面品质较低,但视频渲染速度快。【光线跟踪最终效果】的画面品质较高,但渲染视频所需的时间较长。

在对话框中选择 Adobe Media Encoder 选项,单击【渲染】按钮,将动画导出为视频文件,然后通过 QuickTime 播放器即可查看效果,如图 13-78 所示。

2. 导出序列图像

Photoshop 中制作的动画,还可以将其导出为一系列图像。通过生成的一系列图像文件,来查看动画效果。

例如,在【渲染视频】对话框中启用【文件选项】选项组中的【图像序列】选项,那么单击【渲染】按钮后,导出的是一系列图像文件,如图 13-79 所示。

图 13-78　导出的视频效果

图 13-79　导出序列图像

13.4 课堂练习：利用滤镜制作水墨荷花图

水墨画一直是中国画的精髓。但是并不是每个人都可以用好毛笔和宣纸的。本案例在 Photoshop 中利用【模糊】滤镜和【反相】命令做出淡彩效果；【喷溅】滤镜做出宣纸效果，进而完成一幅清新脱俗的咏荷图。通过本案例熟练掌握【画笔描边】滤镜的功能，如图 13-80 所示。

图 13-80　最终效果

操作步骤：

1　打开素材"荷花图"，按快捷键 Ctrl+J 复制一层，得到"图层 1"。执行【图像】|【调整】|【去色】命令。按快捷键 Ctrl+L，在弹出的【色阶】对话框中，将【输入色阶】两侧的色块向中间滑动，增加图像黑白的对比，如图 13-81 所示。

图 13-81　设置色阶

2　按快捷键 Ctrl+I 执行【反相】命令，使图像黑白互换，类似于相片底片效果。然后执行【滤镜】|【模糊】|【高斯模糊】命令，模糊

1 个像素，如图 13-82 所示。

图 13-82　高斯模糊

3　执行【滤镜】|【滤镜库】|【画笔描边】|【喷溅】命令，设置【喷色半径】为 1，【平滑度】为 3。新建曲线调整图层 1，调整曲线使图像变亮，如图 13-83 所示。

4　新建"图层 2"，设置【混合模式】为【颜色】，设置前景色为粉红色，选择画笔工具，在荷花上涂抹，如图 13-84 所示。

图 13-83　调整曲线

图 13-84　涂抹荷花

5 选择【直排文字工具】 IT ，分别输入文字 "咏荷"和日期文字，分别设置【文字大小】 为"60 点"与"12 点"，如图 13-85 所示。

图 13-85　输入字体

6 打开素材"印章"，选择魔棒工具创建选区， 删除多余的底色，复制一层到"水墨荷花" 文档中。按快捷键 Ctrl+T，执行【自由变换】 命令，缩放到合适位置，如图 13-86 所示。

图 13-86　导入素材

13.5　课堂练习：把美女图做成幻灯动画效果

图像过渡动画可以将几幅图片自然地过渡，而没有停顿，这是通过设置【动画】面板的【过渡】功能中的【不透明度】参数，从而在 4 幅图片之间自动产生各种不透明度帧，并将其自然地衔接起来，来实现幻灯效果的，如图 13-87 所示。

图 13-87　动画效果图

操作步骤：

1. 打开素材图片，使用【移动工具】⊕，把其中三个素材移动到另一个素材图层上，如图 13-88 所示。

图 13-88　移动素材

2. 执行【窗口】|【时间轴】命令，打开【动画】面板，单击【复制所有帧】按钮 📑，创建三个帧，每帧上显示一个图层，如图 13-89 所示。

图 13-89　显示效果

3. 选择第一帧，单击【过渡】按钮 ◥，打开【过渡】对话框，设置参数，如图 13-90 所示。

4. 分别选择第四帧和第七帧，使用同样的方法进行设置参数，如图 13-91 所示。

5. 选择第十帧，设置过渡方式为第一帧，其他参数不变，设置所有帧的【延时时间】为 0.1 秒，如图 13-92 所示。

图 13-90　设置过渡

图 13-91　设置过渡

图 13-92　设置无线光颜色

6. 按快捷键 Ctrl+Alt+Shift+S 打开【存储为 Web 所用格式】对话框，单击【存储】按钮，保存为 GIF 动画图片就可以预览动画了，如图 13-93 所示。

图 13-93　最终效果

13.6　思考与练习

一、填空题

1．所有的滤镜都能作用于 RGB 颜色模式的图像，而所有的滤镜都不能作用于_____颜色模式的图像。

2．对_____执行滤镜命令时，需要先转换为普通图层之后，才可执行该功能。

3．使用【_____】滤镜，通过定义具有不同模糊量的多个模糊点来创建渐变的模糊效果。

4．动画面板中包括帧模式和_____。

5．选择【时间轴】面板关联菜单中的【_____】选项，能够查看过渡动画效果。

二、选择题

1．执行过滤镜命令后，按下快捷键_____可以重复执行该滤镜命令。

　　A．Ctrl+F

　　B．Ctrl+Shift+F

　　C．Ctrl+Alt+F

　　D．Ctrl+Shift+Alt+F

2．可以使静止的交通工具产生直线运动效果的滤镜命令是【_____】。

　　A．高斯模糊

　　B．动感模糊

　　C．径向模糊

　　D．镜头模糊

3．在 Camera Raw 对话框中，能够进行_____效果调整。

　　A．色调

　　B．减少杂色

　　C．局部调整

　　D．以上都包括

4．如果要制作一个具有颜色产生渐变变化的动画，则必须在【时间轴】面板中创建_____属性的关键帧。

　　A．位置

　　B．不透明度

　　C．样式

　　D．以上都不对

5．在【渲染视频】对话框中，选择【_____】选项能够导出视频文件。

　　A．Adobe Media Encoder

　　B．Photoshop 图像序列

　　C．高品质

　　D．低品质

三、问答题

1．简要说明智能滤镜中的功能。

2．如何改善模糊照片的清晰度？

3．什么滤镜命令是专门用来调整照片效果的？

4．Photoshop 可以制作 3D 动画吗？如何制作？

5．如何将制作的动画以流媒体形式播放？

四、上机练习

1. 突出主题效果

拍摄的照片效果较为平庸，要想使照片中的主题突出方法较多，最为简单的是 Photoshop 中的 Camera Raw 滤镜。通过 Camera Raw 滤镜中的【径向滤镜】工具，并且搭配【径向滤镜】选项组中的选项即可，如图 13-94 所示。

2. 制作文字变形动画

自从 Photoshop 中添加了时间轴动画后，过渡动画的制作就变得异常简单。只要在【时间轴】面板的文本图层中，创建【文字变形】属性的关键帧，并且设置变形样式，即可得到文字变形动画，如图 13-95 所示。

图 13-94 突出主题效果

图 13-95 文字变形动画效果